U0350531

农业科学技术领域发展态势报告

NONGYEKEXUEJISHU
LINGYU
FAZHANTAISHI
BAOGAO

作物育种国际发展态势分析

郑怀国 董 瑜 赵静娟 著

中国农业科学技术出版社

图书在版编目（CIP）数据

作物育种国际发展态势分析 / 郑怀国，董瑜，赵静娟著. —北京：中国农业科学技术出版社，2016.11
ISBN 978-7-5116-2797-1

Ⅰ.①作… Ⅱ.①郑… ②董… ③赵… Ⅲ.①作物育种—研究 Ⅳ.①S33

中国版本图书馆 CIP 数据核字（2016）第 251704 号

责任编辑 徐 毅
责任校对 李向荣

出 版 者 中国农业科学技术出版社
北京市中关村南大街 12 号 邮编：100081
电 话 （010）82106631（编辑室）（010）82109702（发行部）
（010）82109702（读者服务部）
传 真 （010）82106631
网 址 http://www.castp.cn
经 销 者 各地新华书店
印 刷 者 北京卡乐富印刷有限公司
开 本 787mm×1 092mm 1/16
印 张 11
字 数 260 千字
版 次 2016 年 11 月第 1 版 2016 年 11 月第 1 次印刷
定 价 148.00 元

《作物育种国际发展态势分析》

参 著 人 员

郑怀国　董　瑜　赵静娟　杨艳萍　颜志辉

串丽敏　张晓静　孙素芬　张峻峰　龚　晶

王爱玲　邢　颖　袁建霞　秦晓婧　张　辉

序

情报研究是科学决策的基础，农业情报研究具有辅助农业生产决策，促进农业宏观经济健康发展的重要作用。发展态势分析是情报研究的一种类型，是针对某一学科或技术领域，全面剖析该学科或技术领域的政策环境、研究动态和发展趋势，提出未来发展的对策与建议，为制定科技发展战略、开展科学研究，提供决策参考的一种深层次的情报服务。

当今世界，科技发展日新月异，科技信息飞速激增，如何在海量信息中准确把握学科或技术领域的发展趋势，作出科学的决策，是科研及管理人员面临的困扰。科学决策是以事实和数据为依据，以情报分析为手段，提出问题、分析问题、解决问题的一个完整动态过程，发展态势分析是辅助科学决策的一种有效手段。

为了明确当前农业各领域在世界范围的研究布局和水平，提高我国农业科技自主创新能力，北京市农林科学院农业科技信息研究所选择农业科技创新前沿学科、热点问题和重点技术领域，结合世界农业发展现状与北京市农业发展方向，开展了多个学科技术领域的发展态势分析，从世界主要国家政策、法规、科技项目、技术研究进展等角度开展定性调研，并与情报学定量分析方法相结合，从论文和专利角度，分析主要学科领域在世界范围的研究布局，筛选出核心技术或研究热点，分析关键技术的研发水平及主要应用领域，剖析农业科研重要技术领域的国际发展态势，并结合我国农业发展现状，提出本领域的战略规划与建议。

该丛书将情报服务的新理论和新方法应用于农业科学决策，有助于全面提升农业科技情报服务水平，并进一步面向前沿、面向需求、面向决策，推动科技情报分析和决策咨询研究。同时，该书也可为农业科技人员及科研管理人员在把握科技发展新趋势、新动向、开展农业科研发展规划、对接国际农业科技前沿等方面作出重要决策时提供参考。

该丛书的撰写得到北京市科委、北京市农委、北京市农林科学院领导和相关科研管理部门的大力支持，得到相关科技领域专家、学者的指导，在此表示诚挚谢意！也衷心希望在相关部门和专家学者的支持下，农业科技情报研究工作在支撑农业科学研究及农业发展战略研究方面，发挥不可替代的重要作用。

孙素芬

2016年5月

前　言

“国以农为本，农以种为先”。种业是促进农业长期稳定发展、保障国家粮食安全的根本。近年来，生命科学的迅猛发展带动了种子产业的突飞猛进。由于种子产业本身巨大的经济效益及其对农业发展的特殊战略意义，世界各国都把种子产业放在突出的位置，并以此推动农业的发展。作为作物生产大国和用种大国，我国对种业也十分重视，2011—2016年相继发布了《国务院关于加快推进现代农作物种业发展的意见》（国发〔2011〕8号）、《全国现代农作物种业发展规划（2012—2020年）》（国办发〔2012〕59号）和《国务院办公厅关于深化种业体制改革提高创新能力的意见》（国办发〔2013〕109号）等文件，将种业确定为国家战略性、基础性核心产业。

据联合国人口基金会预测，到2050年全球人口将超过90亿，作物生产必须在2050年前实现翻番才能满足全球人口的需求。要实现这个目标，必须以2.4%的年增长率递增，而目前平均增长率仅1.3%。而我国面对耕地资源有限的状况，这种挑战更为严峻。因此，只能依靠品种改良和种业发展，提高农作物产量和品质才能满足人口增长和人们对农作物品质日益提高的需求，正是这种需要，推动了种业科学技术的发展。

近年来，我国育种技术取得了长足进步，大幅推进了新品种选育进程，先后推广了一批超级稻、杂交玉米、优质小麦、转基因抗虫棉、高产大豆等突破性优良新品种，其中，水稻杂交优势利用一直处于世界领先地位。

然而，也应当看到，我国种业在迅速发展的同时，也面临着诸多挑战和亟须解决的问题。育种科研布局和资金投入分散、研究内容低水平重复、科研与市场脱节等现象在很大程度上影响了种业科研的整体进度，限制了重大研究成果的产出。种业基础研究相对薄弱，重要性状形成机制解析不深入；种质资源和基因资源挖掘广度深度不够，原创性种质不足和具有重要利用价值的基因较少；全基因组选择基因组编辑等育种新技术创新不足；尚未形成贯穿种质资源、遗传育种、品种创制与测试、种子生产与加工全产业链的科技创新链条。

要使我国种业实现跨越式发展，应对世界跨国种子企业对我国种业市场的垄断，必须以全球的视野，在客观分析国际种业发展现状、剖析我国种业发展优势与不足、研判育种技术国际发展趋势的基础上，探讨进一步加快我国种业创新的思路和措施，谋划未来种业发展规划和部署育种技术研发的重点。

本书介绍了北京市农林科学院农业科技信息研究所和中国科学院文献情报中心合作开展了“作物育种国际发展态势分析”的研究，并将课题研究成果结集出版。本书采用定性调研与定量分析相结合的方法，在宏观上分析作物育种领域发展的总体态势，在微观上辨析作物育种的关键技术，并对未来的发展趋势做出预判，同时，结合我国作物育种发展的现状，提出我国作物育种发展的对策与建议，为我国种业发展的战略规划提供决策参考。

本书是《农业科学技术领域发展态势报告》的第三卷，共分为9章。具体内容包括对代表性国家和地区，重要国际组织、相关智库以及跨国企业的战略规划、计划项目、技术路线图、咨询报告进行调研，总结国际种业发展概况及跨国企业种业创新发展特征。利用文献计量分析和专利分析方法对作物育种领域的科学文献和技术专利，进行基于数量和内容的分析，揭示作物育种技术的发展态势、研究热点和关键技术等。

本书的撰写得到北京市科委、北京市农委、北京市农林科学院领导和相关科研管理部门的大力支持。在撰写过程中，相关人员参阅了政府机构、国际组织以及跨国公司的公开报告，参考了大量中外文文献，由于篇幅所限，未在正文中全部标注，谨表歉意。同时，作物育种领域的多位专家全程参与研究和指导，在此向他们付出的辛勤劳动表示衷心感谢！

由于时间和水平有限，书中难免存在不足之处，敬请批评指正。

作 者

2016年6月

目　录

第　一　章
国际作物种业发展概况

作物种业作为一个产业的兴起，迄今已有将近100年的历史。随着科技的发展特别是植物杂交优势、转基因等技术的发现和运用，作物育种领域已培育出许多高产优质的良种，在全球逐步发展形成了规模庞大的种子产业。目前，作物种业已完成工业化、现代化和国际化进程，进入了以高新技术引领与兼并重组驱动种业全球化发展的产业垄断阶段。

一、国际种业发展历程

从欧美发达国家的经验来看，其种业科技创新组织模式经历了3个典型阶段：

第一阶段：公益性种业发展阶段（1920—1970年）：这一阶段的典型特征是公立机构主导育种科研与种业发展。20世纪20年代，美国成立“作物品种改良协会”，开始了作物品种改良和种子生产。在随后的近50年时间里，美国玉米等作物的育种科研与种子产业基本上由州立大学和科研机构主导，政府管理的种子认证系统成为农民获得良种的唯一途径。

第二阶段：商业化种业发展阶段（1971—1990年）：这一阶段的典型特征是技术创新和产权保护促进种业商业化发展。20世纪70年代，技术创新和产权保护催生了种业的商业化发展。种业经营开始向私立机构为主进行转变。通过完善的立法实施新品种保护，促进了种业市场化。杂种优势利用等新技术的引入，使种业公司朝着大型化和育繁推一体化的商业化方向发展。

第三阶段：全球化种业发展阶段（1991 年至今）：这一阶段的典型特征是，高新技术引领与兼并重组驱动种业全球化发展。20 世纪 90 年代以来，大型财团的兼并重组助推了育繁推一体化的跨国种业公司的迅速崛起，而以生物技术为代表的高新技术的广泛应用，使得种业国际化发展趋势日益加剧。截止 2013 年，来自于发达国家的农作物种业前十强企业已占全球市场 66% 的份额，其中欧美前三强企业（孟山都、杜邦先锋、先正达）更是占据了全球 47% 的份额，形成了绝对垄断优势。

二、各国作物育种发展规划与布局

通过对多个国家 / 地区、国际组织与智库的相关战略规划、技术路线图、咨询报告等的调研，可以发现发达国家在种业研发上的布局和优先发展方向。

（一）各国种业发展规划

1. 美国

（1）植物育种路线图。美国农业部（USDA）在其制定的《美国农业部植物育种路线图》中，规划了未来 5—10 年的优先领域及其研究方向，并展望了 10 年之后期望开展的研究。

①未来 5—10 年优先领域及研究方向：

第一，加强国家植物种质系统建设

种质资源是植物育种的基础和保障，具有重要的战略意义。加强国家植物种质系统（NPGS）将成为一个优先领域，具体包括如下 4 个方面。

- 扩大种质资源收集。一方面扩大收集对象，增加其他农业重要生物，如微生物、新作物、特种作物、作物野生近缘种和地方品种等；另一方面扩大收集地域，通过国内外实地调研和交换获得遗传资源，并加强国际合作，以共享遗传资源和信息，共同开展研究，防止资源流失。

- 提高种质资源的可获得性。对遗传资源的描述信息进行组织、存储，并通过高级信息管理系统 GRIN-Global 进行提供。具体包括对数据文件进行标准化以促进数据库的互操作性；对 GRIN 分类进行有关野生近缘种的信息补充；制定优先级描述符，并进行表型评估和基因型特征性状的研究，以促进跨作物比较。

● 评估和表征遗传资源种质特征。挖掘重要性状特征并记录相关数据，为不同研究和育种目的选择可用的最佳种质。这将需要利用新的成本较低的基因或基于测序的标记和高通量表型鉴定方法等。

● 优化种质管理的效率和有效性。基于各种质间的遗传关系，利用新的统计遗传方法加强种质管理；确定所有作物的共性，从战略上开发能够广泛适用于在种质存储和再生期间保持遗传多样性的方法；制定和实施卓越的种质活力测试和监测方案，以提高种质的存活率和质量，并延长再生间隔；改进保存和备份无性繁殖和非正统种子植物的方法，如体外冷冻等。

第二，开发满足未来需求的作物品种

未来将更加需要优良的作物品种，具体包括如下 5 个方面。

● 能适应多种情况的复种系统，并能满足全球市场竞争需求。

● 水资源和农业投入品利用率高以及生产效率高，以应对气候变化和资源短缺。

● 具有遗传抗性，可以取代或减少农药的使用及提高美国传统农业和有机农业的竞争力。

● 对病虫害有持久抗性，并能适应气候变化，可以降低灾难性损失的风险及改善粮食安全。

● 可以满足未来生物能源、生物基产品、新用途及市场需求。

② 10 年后的展望：

● 整合所有的知识和新工具、新方法，如改良的高通量表型鉴定方法、新的杂交方案和新型预测计算工具等，以提高育种能力，同时，实现多个育种目标，并最大程度减少成本和时间。

● 开展基因工程、基因组学和植物育种交叉研究，开发作物基因工程新方法，开发出能够直接对植物进行遗传改变的技术，而不需要利用转基因方法。

● 继续围绕国家植物种质系统开展如下研究：开发利用作物遗传资源和优良育种材料的新工具，以研究重要性状的遗传基础；开发能够确保长期保持遗传完整性、健康及可利用性的更加高效和有效的遗传资源和信息管理方法；改进数据管理和大数据解决方案，制定标准化协议，开发卓越的数据库接口和单机信息学工具，以解决种质基因型和性能数据的管理、分析和解释这一重大难题。

（2）美国农业部农业研究局作物遗传改良行动计划2013—2017年。在美国农业部农业研究局（ARS）发布的国家计划“植物遗传资源、基因组学和遗传改良”的行动计划2013—2017中，提出了遗传改良需要解决的2个问题，及针对这2个问题需要开展的研究需求及预期成果。

①美国农业需要优异的新作物、品种和种质资源：

第一，研究需求

在各种气候条件和现有农业生产系统下改进选育技术，以获得持续高产的育种品系和品种；改进在不同作物遗传背景下评估抗病虫害基因有效性的方法，以识别高产作物对多种病虫害的持久抗性或耐受性；研发将外来种质资源和祖先物种的抗性基因导入到适应基因库中的优良新方法；在不同的土壤和气候条件下培育生产力卓越的一年生和多年生作物新品种；开发口味更好、吸引力更强、营养价值更高、储存期更长及水肥利用效率更高的作物品种，这可以通过改良地上部分和地下部分的植物结构，使高产和高效的遗传潜力最大化来部分实现；在一些未利用的农业土地上培育一些高能源的非粮食作物为生物能源生产提供原材料。对农作物副产品进行生物能源应用和高值生物基产品产量评估；识别能够提高终端用途品质的增值性状，并将其整合到现有作物中；培育用于新用途的作物，包括能够种植在不同用途的土地类型中，如自然保护区、有机系统、小型农场、庭院生产综合体系以及城市景观和非传统的种植区域。

第二，预期成果

- 高产作物。
- 抗病虫害能力强的作物。
- 耐受环境变化和极端环境的作物。
- 产品质量高的作物。
- 水和其他各种投入利用率高的作物。
- 生产效率得到优化的作物。
- 生产生物能源和生物基产品的作物。

● 当前作物的新用途。

② 需要创新遗传改良和性状分析方法：

第一，研究需求

需要建立一个多样化的试验群体来研究复杂性状的遗传结构和个体基因的功能。虽然现有的种质资源和育种材料可以作为主要研究材料，但在许多情况下，必须补充新的遗传资源库以能够进行功能遗传分析。必须利用高通量基因分型、测序和高效的定量表型鉴定技术来对这些群体进行分析。

必须绘制出基于测序数据的高分辨率遗传图谱，以利用模式植物的遗传调控路径知识及鉴定出能够使群体的理想等位基因得到增强的分子标记，而且还必须了解这些等位基因的功能，以便更加有效地测定和调控其作用。

由于性状测定是目前遗传分析和育种进程中的关键瓶颈，所以，必须创新高通量的定量表型鉴定方法。在预测未试验材料性能时，需要将来自大群体的表型和遗传数据结合使用。随着研究能力的提高和知识的积累，必须扩大基因组选择和相关育种预测方法的应用范围，并根据实践经验来评估更为复杂的基因结构（如多倍体中的互作位点）、亚群结构以及大量目前缺乏这些遗传工具的特种作物和其他作物。

第二，预期成果

● 了解用于阐明基因功能且 / 或开发优良品种的种质资源的基因型和表型特征。

● 开发针对不同作物重要性状的高通量基因分型方法和分子标记。

● 对重要作物进行测序和高分辨率遗传图谱绘制。

● 创新分析数量性状的表型鉴定方法。

● 剖析复杂性状的基因结构及其组成基因的功能特征。

● 创新基因组选择和预测方法。

● 利用基因组辅助育种技术来分析复杂性状，并鉴定和导入外源等位基因到适应了的遗传背景中。

● 利用模式植物的知识和信息来改进作物育种技术。

（3）美国农业部 AFRI 计划。2014 年 12 月 1 日，美国农业部（USDA）国家食品与农业研究院（NIFA）宣布，竞争性资助计划——农业与食品研究计划（AFRI）将投资650万美元通过2个方面的项目来支持植物研究。这2个方面的项目分别是植物育种和光合效率与养分利用。其中，植物育种项目的重点是通过公共育种来提高作物产量、效率、品质和/或对多样化农业系统的适应性。包括：育种与种质创新、品种开发、选择理论、应用数量遗传学和参与式育种；开发根据基因型预测表型的工具及加速成品品种选育的工具；通过会议确定区域对植物育种研究、教育或推广的需求。植物育种共有9个项目，具体包括如下9个方面。

- 利用全基因组标记预测复杂性状，以加速同源四倍体育种。
- 鉴定马铃薯斑马片病的抗性来源，并通过杂交选择抗病基因型/品种。
- 将四倍体异交马铃薯转换为二倍体近交系，引发马铃薯育种革命。
- 培育具有广泛适应性的抗东部枯病的榛子品种。
- 通过会议制定未来有机蔬菜育种、研究和推广愿景，以支持东北地区有机蔬菜生产的持续增长。
- 融合分别在纽约和俄亥俄开展的育种计划开发的抗性，以控制影响番茄健康和果实品质的复杂病害。
- 研究多达5个周期基因组选择对目标性状和育种价值的影响，评估基因组选择对多样性的影响，及制定基因组育种策略以利用杂交实现既定目标并利用系谱选择。
- 通过会议研究提高农民对适合区域种植的蔬菜、谷物、豆类和牧草遗传学信息的可获得性，从而使西北太平洋地区有机和可持续农业取得成功。
- 为有机生产系统优化制定有效且高效的蔬菜品种育种策略。

2. 加拿大

加拿大农业与农业食品部是加拿大的农业科研及农业经济主管部门，该部门于2012—2013年制定了科学战略，与作物种业相关，包括谷类与豆类、油籽。谷类与豆类科学战略关注的作物主要包括小麦、玉米、豌豆、菜豆、荞麦等作物，战略目标为改善谷类与豆类作物的遗传潜力，提高取得潜在单产潜力的能力。油籽科学战略涉及的作物包括油菜、大豆、葵花子等，战略目标包括利用遗传改良、种质开发、创新育种工具、品种开发等增加油籽作物的产量潜力，减轻非生物胁迫的影响，响应市场对特定油籽品种性状的需求。

（1）Growing Forward 框架计划。Growing Forward 框架计划是在联邦政府、省和特区政府合作下，加拿大农业与农业食品部（AAFC）最新的框架计划，涉及农业政策和农业生产计划，目标是通过农业创新和市场开发驱动经济发展和长期繁荣，帮助加拿大农业部门应对未来的挑战和机遇、充分发挥其潜力。Growing Forward 1 于 2008 年启动，5 年一个周期，于 2013 年 4 月到期；Growing Forward 2 从 2013 年开始，到 2018 年结束，将在农业创新、提升竞争力及市场开发领域共投资 30 亿加元。当前，AAFC 主要通过 Growing Forward 2 框架来资助部门的各项研究。

Growing Forward 1 框架计划向农业科学资助了 6 850 万加元，按照农产品类别共有 10 个科学集群，包括油菜 / 亚麻农业科学集群、豆类科学集群和加拿大小麦育种研究集群等。油菜 / 亚麻农业科学集群的研究主要集中于营养和作物管理；豆类科学集群和小麦育种研究集群则集中开展遗传育种研究（表 1-1）。

表 1-1　豆类科学集群和加拿大小麦育种研究集群的研究重点和申请机构

集群名称	申请机构	资助金额（加元）	起止时间	研究重点
豆类科学集群	加拿大豆类作物协会	7 000 000	2010-04-01 2013-02-28	遗传改良，育种和性状开发，以培育能适应气候变化、抗病、高产的品种
小麦育种集群	西方谷物研究基金会	8 186 179	2010-04-01 2013-03-31	改善小麦遗传材料的基础来开发具有高产、优质、抗病虫害、早熟、耐旱耐冻、收获前不发芽的栽培品种；提供分子标记；通过评估不同土壤类型和农业生态区的早期小麦品系，改善种质开发

除集群计划外，AAFC 还通过 Growing Forward 2 框架计划下的开发创新的农业产品研究计划、小麦秆锈病计划资助了一批小麦育种和基因研究，由公司与研究机构合作，共同开发不同性状的小麦品种。

（2）基因组研发计划。加拿大基因组研发计划（Genomics R&D Initiative，GRDI）是在基因组研究领域协调加拿大联邦 8 个科研部门和机构研究活动的计划，由加拿大国家研究理事会（National Research Council of Canada）牵头负责。GRDI 于 1999 年启动，每 3 年为一个资助周期，该计划的第五期于 2014 年 3 月到期。近日，加拿大国家研究理事会宣布未来 5 年将继续支持 GRDI 在农业、环境、渔业、林业和健康领域开展研发，总资助额为 9 950 万加元。GRDI 的资助对象为联邦政府的实验室，这些实验室分布在加拿大国家研究理事会（National Research Council of Canada）、加拿大农业与农业食品部、加拿大卫生部（Health Canada）、加拿大公共卫生署（Public Health Agency of Canada）、加拿大环境部（Environment Canada）和加拿大渔业与海洋部（Fisheries and Oceans Canada）等部门。资助方向主要根据受资助机构的战略研究重点确定，每年的资助额为 1 990 万加元。

GRDI 第五期计划的特点是调动各种资源针对单一部门难以解决的问题开展研究，对具有共同优先领域和共同目标的研发方向开展充分协调的跨部门研究。第五期计划确定了两个优先的跨部门研究主题，其中，一个主题与种业相关，即通过综合协调的联邦基因组计划改善加拿大的食品安全和水资源安全。GRDI 对国家研究理事会的资助重点为小麦改良和油菜种子研发。利用 GRDI 每年 480 万 ~600 万加元的资助，加拿大农业与农业食品部于 1999 年开始实施了加拿大作物基因组计划（Crop Genomics Initiative，CCGI），目标是利用基因组研究改良谷类、油菜和豆类作物（表 1–2）。

表 1–2　GRDI 对加拿大农业与农业食品部资助的重点研究方向

资助年	重点方向
2012—2013	农业生物多样性、基因挖掘和功能分析用于特定性状相关基因的鉴定和挖掘；通过改善生物材料和数据资源的获取能力来提高植物育种效率；利用生物信息学及相关工具开展基因组研究
2006—2012	开发具有重要病虫害抗性的种质和品种，应对生物胁迫；开发新型耐寒、耐热性能的作物品种，应对非生物胁迫；研究谷类、油菜和豆类与种子发育、蛋白质品质、淀粉含量、营养成分等相关基因，提高作物品质；植物研发平台技术

（3）基因组组织（Genome Canada）资助计划。加拿大基因组组织（Genome Canada）是于 2000 年 2 月成立的一个非营利组织，其任务是投资并管理非联邦政府实验室如大学等主导开展的国家大型基因组学研究项目和技术平台。该机构制定并发布了 2012—2017 年战略计划（Genome Canada Strategic Plan 2012 主导开展的），其中，提出在农业领域主要支持和开展如下基因组学研究项目：投资 1.89 亿加元支持 15 个大型研究项目，其中，作物包括油菜、小麦、亚

麻、马铃薯、向日葵和葡萄，家畜包括牛和猪；在油菜、亚麻和小麦中选择适应气候变化的遗传性状；开发油籽作物，为生物产业提供产品。加拿大基因组组织资助管理的作物育种相关的大型研究项目，见表1-3。

表1-3　加拿大基因组组织的作物育种大型研究项目

隶属计划（批准年）	项目名称	预算（加元）	进展
竞争性计划 III (2005—2006)	为未来市场设计油籽	14 828 582	结题
竞争性计划 I (2001—2002)	作物非生物胁迫功能基因组学研究	19 456 750	结题
竞争性计划 II (2002—2003)	通过基因组学研究改良油菜	9 529 293	结题
竞争性计划 III (2005—2006)	作物适应性基因组学研究：利用基因组工具改良温带作物	8 108 865	结题
2010年大规模竞争性应用研究计划 (2010—2011)	利用基因组学的加拿大小麦改良	8 506 826	进行
生物信息学及计算生物学计划 (2013—2014)	应用基因组信号加工方法加速作物育种	220 000	进行
生物制品或作物的应用基因组学研究 (2008—2009)	利用基因组学研究识别、描述并验证非编码DNA用于作物改良	4 658 936	结题
生物信息学及计算生物学计划 (2013—2014)	研究下一代DNA测序技术在作物遗传改良中的应用	249 176	进行

2014年6月16日，加拿大基因组组织与西方谷物研究基金会（WGRF）联合宣布启动了主题为“基因组学和未来食物供给”（Genomics and Feeding the Future）的2014年大型竞争性应用研究项目的招标。此次招标将支持应用基因组方法应对农业食品和渔业水产领域未来挑战的研究项目，包括利用基因组方法提高生产效率，改善作物健康、增加对生物胁迫和非生物胁迫的抗性，适应气候变化，减少环境足迹，开发并使用成本有效的基因组工具等。计划将在4年内投入约9 000万加元，其中每个项目投入200万~1 000万加元。

（4）小麦联盟计划。加拿大小麦联盟计划（Canadian Wheat Alliance，CWA）是由加拿大农业和农业食品部（AAFC）、萨斯喀彻温大学、萨斯喀彻温省和国家研究理事会共同建立的一个研究行动计划，以支持并开展小麦研究。计划为期11年，整合了小麦育种、基因组、生物技术和病理学的研发。加拿大小麦联盟计划的目标是开发新的稳产高产、抗环境胁迫和病虫害胁迫能力强的小麦品种，同时，能减少农业投入成本和肥料的环境影响、提高加拿大麦农的收益。加拿大小麦联盟计划通过启动加拿大小麦改良旗舰计划（Canadian Wheat Improvement Flagship），作为各研究实体、公司合作并加入联盟的途径。计划在第一个 5 年期间将投入 9 700 万加元开展研发，其中，8 500 万加元来自加拿大联邦政府，1 000 万加元来自萨斯喀彻温省政府。

加拿大小麦联盟计划目前关注 6 个领域的研究项目，以减少由于干旱、高温、寒冷、病虫害及降低氮肥施用带来的产量损失。研究项目包括如下。

①基因组辅助育种：利用高通量 DNA 测序和基因分型技术来开发、设计新型基因组工具。

②利用细胞技术进行小麦改良：开发双单倍体低成本生产的方法。

③增强镰刀菌和锈病抗性：针对赤霉病和锈病开发持久遗传抗性。

④提高非生物胁迫下的小麦生产力：开发标记促进传统育种，鉴定优异的等位基因作为遗传平台，以在一个栽培品种中叠加多个优异等位基因。

⑤确定研发路径来改善小麦的性状和产量：绘制综合的基因表达图谱来进行小麦品种开发，品种开发过程中鉴定与亲本等位基因有关的基因组表达，开发一套可改善品种性状和产量的目标基因。

⑥研发有益的生物互作：利用功能强大的宏基因组学平台鉴别小麦和微生物的互作，以减少氮的需要量，确定微生物对土壤健康的特性。

3. 欧盟

欧盟层面作物育种相关的研发主要通过框架计划（Framework Programme，FP）、竞争力和创新计划（Competitiveness and Innovation Framework Programme，CIP）和欧洲地平线 2020 计划（Horizon 2020）等计划体系进行布局。其中，第七框架计划（FP7）和 CIP 计划的资助期为 2007—2013 年，从 2014—2020 年，欧盟实施 Horizon 2020 计划。

（1）第七框架计划下的植物育种项目。本部分调研了欧盟在最近的第 7 框架计划（FP7）下资助的植物育种相关研究项目，包括资助总金额在 100 万欧元以上的 FP7 合作计划、原始创新计划、基础设施建设计划等，不包括人才计划。这些计划涉及植物育种的大型跨国项目、分子生物学基础研究、方法工具研发等。FP7 资助的研究项目体现了欧盟对小麦、玉米等欧盟重要作物的重视，资助了多项小麦、玉米育种研究，或者将模式植物的研发成果在小麦、玉米上验证、应用。此外，关于育种模型、工具的研究也是重点，如针对育种平台、表型平台、新统计方法的研发（表 1-4）。

表 1-4 欧盟 FP7 计划下，作物育种相关研究项目主要信息

项目名称	缩写	研究内容	金额（万欧元）	起止时间
研究基因重组增加作物多样性	MEIOSYS	系统分析高等植物减数分裂重组的控制因素，以提高育种的速度和精度，研究将应用于小麦等作物	499.9	2008 年 1 月至 2012 年 12 月
预测并提高作物单产的方法研究	SPICY	研发一种减少作物品种识别时间的新方法，确定产量相关基因，开发快速、自动化的大规模表型鉴定工具，建立作物模型	287.2	2008 年 4 月至 2010 年 3 月
提高地中海农业的多样性以应对气候变化	SWUP-MED	其中，一项研究内容是利用先进的生理学和生物化学工具筛选谷类作物耐气候变化的性状用于育种研究	272.8	2008 年 6 月至 2010 年 5 月
麦类基因组改良计划	TRITICEAEGENOME	通过拓展基因组知识鼓励开发谷物新品种，并为欧盟品种选择项目开发新的工具。项目将绘制 6 种软质小麦和大麦包含许多农艺性状基因的染色体图谱。这些图谱将有助于分离小麦和大麦与耐旱、抗主要真菌病害，提高产量和质量相关的基因。此外，项目还将开发新的生物信息学工具，以存储、管理、利用和传播该计划的研究成果	750	2008 年 6 月至 2012 年 5 月
植物育种工具基因重组的研究	RECBREED	研究新的植物育种工具以更好地控制基因同源重组，研发有效的基因打靶技术实现对基因组的精准操作，控制传统育种中同源重组和部分同源重组的比例。研究将在模式植物拟南芥上进行研究，成果将在玉米等作物上进行验证和应用	417.4	2009 年 3 月至 2013 年 2 月
生长、发育和进化过程中 RNA 介导的调控	REVOLUTION	寻找哪种内生性 sRNAs 具有不同的 RNA 沉默效应，系统研究 sRNAs 对拟南芥的调控，研究 sRNAs 在自然变异和杂交中的作用，理解影响植物基因表达的机制	229.8	2009 年 1 月至 2013 年 12 月
从拟南芥到玉米的获得性表观遗传学研究	AENEAS	研究环境状况对拟南芥表观遗传情况的影响，针对表观遗传学的 3 个调控方式，确定其路线图，并将成果应用于玉米的相关研究，构建玉米环境表观遗传平台	412.5	2009 年 4 月至 2013 年 3 月

（续表）

项目名称	缩写	研究内容	金额（万欧元）	起止时间
改善欧洲主要作物的营养利用效率研究	NUE-CROPS	开展理论、模型和工具研究，用于高营养和水分利用效率作物的育种和选择，结合农艺创新显著减少肥料和水资源的使用，降低作物种植的环境影响，同时，保持优质高产。研究针对欧洲最重要的4个作物，包括小麦、玉米、油菜和土豆	960	2009年5月至2014年4月
利用野生品种的基因渗入培育超级小麦	SWCD	深入分析Ph1基因座的行为，探索Ph1突变体应用于小麦育种的作用，培育新的小麦品种	60	2010年1月至
有机及低投入综合育种策略和管理	SOLIBAM	开发特别的新型育种方法，使其与管理实践相适应，以改善作物品质、稳定性、可持续性等性能，并使其适应欧洲的有机低投入生产体系		2010年3月至2014年4月
强化利用野生品种提高环境适应性	PGR SECURE	针对欧洲野生作物品种研发新型表征技术（包括基因组学、表型、代谢组学、转录组学等）和保护策略，促进育种者对作物改良，使其适应气候变化	365.3	2011年3月至2014年8月
植物基因组研究跨国设施	transPLANT	开发植物基因组数据处理的新的跨国设施，利用专家经验建立分布式方案，为植物研究机构提供计算化交互式服务，建立新的数据库，开发新的算法，统一数据交换和呈现、界面开发、服务的标准技术等		2011年9月至2015年8月
小麦发育及开花的遗传学与生理学研究及提高适应性和产量的育种工具开发	ADAPTAWHEAT	针对小麦开花时间和物候分区，检验各种生理假设，识别遗传因子和高价值的种质，培育能提高适应性和单产的小麦品种及育种工具	489.5	2012年3月至2016年2月
提高豆类作物非生物和生物胁迫抗性	ABSTRESS	利用苜蓿属植物作为模式植物，鉴定新的基因和生物化学途径，利用最新的高通量成像技术监测干旱、病害联合导致作物生长困难的过程，变革培育植物新品种的方式，改善豆科植物耐旱和抗病性	300	2012年4月至2017年3月
下一代植物抗病育种	NGRB	利用最新的病原体生物效应发现开发新的抗病品种育种方法，进行抗晚疫病品种育种	249.7	2012年4月至2017年3月

（续表）

项目名称	缩写	研究内容	金额（万欧元）	起止时间
植物育种中的新型变种及植物泛基因组	NOVABREED	确定玉米和葡萄两种植物泛基因组的大小和组成，识别产生及保持非必须基因组的不同机制，分析非必须基因组的表型效应，评估非必须基因组产生新遗传变种的速度和模式及在育种中的作用，将研究结果推广到其他植物中验证	247.4	2012 年 7 月至 2017 年 6 月
针对小麦和大麦改良育种的遗传研究	WHEALBI	利用基因组学、遗传学和农艺学改良欧洲的小麦和大麦，包括使用下一代测序技术更详细地对种质资源进行测序、鉴定，利用跨国田间试验和最新的精准表型平台评估其适应性性状，挖掘等位基因，开发前育种工具和育种研发线等	690.4	2014 年 1 月至 2019 年 12 月
未来豆科作物栽培育种研究	LEGATO	开发工具和资源使豆科育种方法学达到先进水平，充分挖掘豆科遗传资源，鉴定、检验有价值的新型豆科作物育种品系	688.2	2014 年 1 月至 2017 年 12 月
高维遗传研究的新统计方法	HIGEN	开发先进的基因组统计方法，包括研发一系列方法可以统一地计算化地估计单倍型和基因插补，创建一套单倍型参考数据集，开发高维表型数据集模型	162.8	2014 年 6 月至 2019 年 5 月
有机作物育种研究	COBRA	开展欧洲有机植物育种及种子生产研发，重点是通过协调、联系及扩展现有的谷类（小麦和大麦）和豆科粮食（豌豆和蚕豆）育种研究强化复合杂交种群（CCPs）等高遗传多样性的植物材料的利用	300	2014 年至 2017 年

（2）欧洲 Horizon2020 计划的植物育种重点。2013 年 12 月，欧洲 Horizon2020 战略发布了 2014—2015 年资助计划，在可持续粮食安全主题下，提出资助“增强作物生产力、稳定性与质量”的相关研究方向，拟研发先进的方法与技术以改进鉴别、预测和引进有用的作物遗传变异，以及促进基因型和不同环境条件、管理实践的有利结合，指出研究应当将作物改良置入一个整体思路，寻求新型育种目标来实现高产、稳产、优质、抗逆，并减少环境影响。

（3）欧洲“农业、粮食安全与气候变化”联合行动计划。该计划 2013 年初发布了战略研究议程，列出了促进跨学科和创新的欧洲农业、粮食安全与气候变化研究的战略优先领域。其中，在“环境友好的农业可持续增长和集约化”“粮食供给、生物多样性和生态系统服务之间的平衡”和“适应气候变化”3个核心研究主题中，提出要支持育种相关的系列优先行动，包括：集成基因组选择技术、精准农业和生态技术等提高关键农业系统的资源利用效率和生产力；利用基因组选择和传统育种方法等开展低投入、高生产力、多部门耕作系统研究；培育耐非生物胁迫的高产作物品种等。

（4）未来植物技术平台。未来植物技术平台（Plants for the Future）是欧盟委员会提出在2004年6月启动的一个由农业行业、学术界、农业社团、教育机构、资助机构、监管机构的成员组成的利益相关方论坛，代表植物相关领域各方利益，通过公开讨论的形式提供各种见解，并在欧洲层面形成共同的研究议程，以动员欧盟及各成员国公共部门和私营部门的各种资源，增强欧洲相关领域的研究创新。未来植物技术平台2004年6月确定了未来20年植物基因组学及生物技术的发展愿景，并于2007年6月确定了至2025年的战略研究议程和行动计划。战略研究议程中提出应对未来5项挑战的多个发展目标（表1–5）。

表1–5　欧洲未来植物技术平台作物育种相关战略

挑战	目标
健康、安全、充足的粮食与饲料	开发并生产充足、多样化、可支付的起得高质量植物原料用于食物生产 针对特定健康效益和特殊消费群体设计植物原料
可持续农业、林业与景观	改善植物生产力和品质
充满生机和竞争力的基础研究	欧洲作物和主要病原体的基因组测序 研究基因组各基因片段的功能 研究从基因到表型的遗传调控 系统生物学研究及预测新的性状

（5）其他机构。根据欧洲联合研究中心（JRC）2013年发布的报告《欧盟生物经济—植物育种》（Plant breeding for an EU bio-based economy），为满足欧盟生物经济2020的育种需求，未来农作物的高产和稳产仍然是育种的主要目标，通过植物育种减少和消除作物中生物碱甙和反式脂肪酸等毒性分子的含量、培育具有营养强化特性（如维生素、类胡萝卜素和黄酮类物质）的专用品种等来提高食品及饲料的安全和质量是欧洲农业优先考虑的领域，新植物品

种应有助于自然资源的可持续管理。2014 年 2 月，欧洲议会通过了一份来自农业委员会的报告《植物育种：哪些选择可提高品质和产量》（Plant breeding: what options to increase quality and yields）。报告呼吁欧盟委员会抓紧机会创造一个连贯和长期的欧盟植物育种研究框架，持续资助高产优质作物新品种的长期研发项目。

分析近年来欧盟在植物育种领域的战略，可以看出欧盟在宏观战略上十分重视作物育种研究，将其作为促进生物经济发展、提高农业竞争力的重要手段。战略重点从单纯重视育种的分子生物学、基因组学研究等现代育种研究逐渐转向将育种研究与更进一步的环境、可持续发展、营养、安全目标相结合、育种技术与农艺实践相结合的思路。

针对欧洲目前的育种战略和政策，也有声音提出批评和质疑，认为当前的政策阻碍了欧洲育种技术的发展，使欧洲落后于新兴竞争者。根据欧洲科学院科学咨询理事会（EASAC）2013 年 6 月发布的《应用作物基因改良技术实现农业可持续发展面临的机遇和挑战》（*Planting the future: opportunities and challenges for using crop genetic improvement technologies for sustainable agriculture*）的政策咨询报告，欧盟当前种业政策面临许多矛盾。如批准进口转基因作物，而反对在欧盟种植相同的转基因作物；承诺投资植物科学，而忽略使用某些农业创新技术。报告建议欧盟及欧盟各机构应当重新审视当前的农业创新管理政策和原则，修改对植物改良技术的监管措施，监管应当基于科学证据，监管的重点是产品和性状，而不是技术，承认新型育种技术，特别是肯定那些不列入基因改良管理范围的产品。

4. 英国

（1）BBSRC 的育种项目。英国生物技术与生命科学研究理事会（BBSRC）是英国最重要的生物、农业领域研发和资助机构。目前，BBSRC 资助的包括小麦、水稻和油菜等作物在内的育种在研项目共有 42 项（表 1-6）。其中，小麦育种相关项目最多，共 27 项，主要关注小麦重要农艺性状 QTL 的定位及遗传机制研究、小麦抗病性、小麦基因组研究、种质资源开发和利用、小麦遗传转化等方面；水稻育种共资助了 6 项，主要面向非洲、中国等发展中地区和国家，利用野生稻资源改良水稻抗生物和非生物胁迫（抗虫、砷积累、缺锌和水分变化）等性状；油菜育种项目共 7 项，相关研究内容包括抗性基因功能研究和种植资源创制、基因组进化研究和工业用途研究等。此外，另有 2 个项目关注了根系表型鉴定方法的开发和豆科作物的研究。

表 1-6　英国小麦、水稻、油菜等作物育种研究主要项目布局

作物	项目名称	研究目标	时间（年）
小麦	谷物基因组分子构成研究	提供一个整合谷物遗传研究相关信息的框架。当前的研究主要是将水稻图位克隆的方法应用于其他谷物中，克隆和研究控制小麦配对和重组基因的功能，以了解小麦育种的分子基础	1997—2017
	小麦资源利用率相关 QTL 的定位和标记开发	通过开发可靠的遗传标记筛选资源利用率高的小麦，同时，对控制高产和抗倒伏的 QTL 效应进行研究	2009—2014
	小麦重要农艺性状 QTL 的遗传机制研究	对与重要农艺性状相关的 QTL 中候选基因的分子机制进行研究，并将其应用于育种	2009—2015
	利用一系列育种工具改良面包小麦的烘烤品质	通过选择 PHS/HFN 位点的紧密连锁标记，培育高沉降值和抗穗发芽的新小麦品种，以提高小麦烘烤品质	2010—2014
	抗锈病基因 Lr34 和 Lr46 对小麦半活体营养型和死体营养型病害易感性的研究	对抗锈病基因对其他活体营养型和死体营养型病害的效应和机理进行研究，以全面了解病害对小麦育种的影响	2010—2014
	一种向小麦中导入外源物质的新方法	鉴定和了解杀配子基因的作用机理，以解决由于染色体不能配对、重组而无法将外源物质导入小麦中的问题	2010—2015
	野生二倍体小麦中 Ug99 抗性基因的快速分离	利用寡核苷酸捕捉和新一代测序方法，对野生二倍体小麦 Ae. Sharonensis 中的 R 基因（NB-LRR）进行精细定位和克隆	2011—2014
	实施前育种计划以提高英国小麦多样性	培育含有关键农艺性状的新小麦群体，为植物育种家提供育种材料，并作为了解重要性状生物学基础的主要来源	2011—2015
	小麦关联遗传学在性状和系谱改良中的应用	对斑枯病、条锈病、叶锈病和白粉病抗感的单品种组合进行多病害关联作图，以创制 4 种小麦叶片病害的整合图谱	2011—2015
	小麦遗传转化平台的建立	为相关研究人员提供高效、开放的小麦遗传转化平台	2012—2017
	建立一套小麦、大麦育性研究体系	将模式植物中育性相关的研究成果应用于作物育种，以解决谷物繁殖过程的分子机理问题	2012—2016

（续表）

作物	项目名称	研究目标	时间（年）
	小麦开花期遗传学和生理学研究	检测一系列生理学假设，以识别小麦开花时间和物候分区相关的可能遗传因素和有价值的种质	2012—2015
	利用有效的分子标记技术改良非洲小麦抗病性	对小麦秆锈病成株抗性资源进行筛选和基因定位，并在非洲建立2个分子标记平台以确保抗性基因、DNA标记能被国家小麦育种项目所利用	2012—2016
	提高产量的小麦光合碳代谢研究	筛选出高光合特性的小麦品系和创制高光合效率的转基因小麦，以提高小麦产量	2012—2015
	小麦产量潜力最大化研究	一方面通过提高光合作用、氮利用率以提高小麦生物量；另一方面通过操纵受激素控制的产量性状提高产量构成	2012—2017
	小麦族基因组的研究	项目将产生小麦参考基因组，并对基因组特征进行注释，以助于基因辅助分子育种	2012—2017
	小麦基因组学研究	开发高通量基因测序方法为育种和功能基因组提供新的基础	2012—2017
	谷物种子营养与健康研究	培育有益于人类健康的小麦品种，重点关注膳食纤维和矿物微量元素2个重要性状	2012—2017
	抗全蚀病转基因小麦的创制	将三萜烯合成途径上的多个基因转入小麦中，并对转基因小麦中三萜烯含量、植株表型以及全蚀病抗性等进行评价	2013—2017
	提高小麦籽粒灌浆能力	解决小麦产量与库（光合作用）—源（籽粒发育代谢）限制的问题	2013—2015
	利用种间生物多样性改良小麦	创制小麦与近缘物种的杂交种及渐渗系，以培育高产、适应气候变化和环境友好型的印度小麦品种	2013—2017
	小麦开花时间途径变化的量化研究	通过分子和表型的方法对位于小麦3A短臂染色体上的eps位点进行分析，了解其在植物发育、适应性和表型上的效应	2013—2015
	人工合成六倍体小麦在小麦改良中的应用	创制人工合成小麦，并将其应用于现代小麦品种改良	2013—2015
	小麦和大麦种质资源在遗传育种改良中的应用	开发和利用工具、方法和程序，对小麦和大麦的野生近缘种及农家品种的有用基因进行鉴定，并将其应用于作物改良	2014—2017
	利用TALEN技术改良小麦	分别对携带玉米泛素启动子和大麦热休克启动子的TALEN载体的转基因小麦后表型进行分析，以解决定点核酸酶技术中转基因植株的突变高度可变等技术瓶颈	2014—2015

（续表）

作物	项目名称	研究目标	时间（年）
	小麦—偏凸山羊草渐渗系对纹枯病抗性及提高谷蛋白含量等潜力研究	分离小麦—偏凸山羊草渐渗系中抗纹枯病基因，鉴定出 7DV 中可提高谷蛋白含量的片段区域，以助于培育新的小麦品种	2014—2018
	基因组选择和环境建模以开展新一代小麦育种	利用基因组和表型组学数据发展和评价新一代小麦育种策略，促使小麦育种进入大数据时代	2015—2017
水稻	NIP 水通道蛋白在降低水稻砷积累中的作用	对砷在植物中的转运机制提供重要线索，相关研究结果将应用于育种实践以减少水稻砷的积累	2010—2014
	水稻水分利用率的全基因组关联分析	利用全基因组关联分析对水稻干湿交替适应性、籽粒养分吸收与转运相关的 QTL 和候选基因进行定位	2012—2016
	水稻高锌含量和耐锌胁迫种质资源的创制	了解锌吸收及转运限制、关键耐受机制等遗传因素，筛选出适合种植于锌缺乏地区的高锌水稻品系	2012—2016
	野生稻 MAGIC 群体的创制	将野生稻遗传物质导入栽培稻中，提高其遗传变异多样性以利于水稻育种	2012—2017
	新水稻抗虫性—萜烯同系物相关基因的研究	通过筛选高表达萜烯同系物合成基因的水稻品种和创制过表达该合成基因的转基因水稻，为中国粮食可持续生产提供解决方案	2013—2016
	利用野生稻资源改良水稻对水分变化的适应性	利用野生稻遗传资源改良现代水稻品种对环境改变的适应性	2013—2016
油菜	通过增强油菜对 UV-B 反应提高油菜的抗虫性	通过对激活 UV-B 或茉莉酸信号途径的研究来提高油菜抗虫性	2011—2014
	冬油菜 F1 杂种表现的预测	开发一种可以基于序列标记预测作物表现的方法，从而有助于快速有效的油菜作物育种	2011—2014
	油菜抗裂角基因功能研究	将抗裂角基因导入现代油菜品种中，以减少油菜裂角现象	2011—2016
	抗芜菁黄化病毒油菜种质资源的创制	为农民提供抗病毒油菜品种以增加产量和减少投入	2012—2016
	鉴定和利用油料作物中种子产量及品质相关的遗传变异	对拟南芥、荠菜、亚麻荠和甘蓝型油菜中控制种子产量和品质的基因及遗传变异进行挖掘	2014—2017
	多倍体物种（油菜）基因组进化研究	利用二代测序技术分别对人工合成及自然形成的甘蓝型油菜进行测序，并通过关联分析法鉴定控制重要农艺性状的位点	2014—2017
	BBSRC 油菜可再生工业产品项目	了解油菜生物工业用途相关副产品的积累和肥料利用率等方面的遗传调控	2014—2018

（续表）

作物	项目名称	研究目标	时间（年）
其他	一种低成本、高通量筛选农作物根系表型的方法	建立可定量化油菜、大麦和小麦等作物根系生长和形态的低成本、高通量表型平台	2012—2015
	豆类作物农业的未来	促进豆类作物在欧洲的种植，开放工具和资源以利用先进的育种方法和有用的遗传资源	2014—2017

（2）植物育种创新研究项目。2014 年 6 月 30 日，英国技术战略委员会（TSB）公布了投资 4 亿英镑的 2014—2015 财年创新研究计划，该计划通过确定优先领域，发现和资助创新性概念，并促进从概念到商业化的创新过程。该计划共涉及 12 个领域，其中，农业与粮食领域的投资为 4 600 万英镑，优先领域包括提高作物产量、可持续畜牧业生产（包括水产）、废弃物管理、温室气体减排等，主要目标是提高动植物产量，减少对环境的影响。其中，在作物产量优先领域提出的植物育种目标和方向，包括利用现代育种技术和基因组学知识来获得更快的产量增长速度以及改善植物对生物胁迫和非生物胁迫的抗性。

5. 国际

国际小麦行动计划（Wheat Initiative）成立于 2011 年，旨在协调国际小麦研究活动。该计划 2015 年 7 月发布小麦战略研究议程，指出以可持续方式实现到 2050 年全球小麦增产 60% 需要更多投资与研究。该研究议程围绕小麦增产、稳产、优质以及可持续发展 4 个主题领域和使能技术、知识交流 2 个交叉领域分析了小麦研究面临的挑战，研究需求与目标以及优先研究行动。

（1）提高产量潜力。该主题领域的研究目标是到 2040 年获得可增产 50% 的小麦品种，目前面临的挑战是通过提高光捕获、光合作用和籽粒生产效率，增强小麦在多种环境条件和种植制度下的产量潜力（表 1-7）。

表 1–7　提高产量的研究需求及优先行动

研究需求		优先行动		
		（1—5 年）	（5—10 年）	（>10 年）
提高产量潜力	积累与小麦产量相关的知识基础，包括遗传调控因素、生理生化过程等。 改变育种方法并利用新技术来提高育种效率，如杂交，“组学”，生物信息学，基因组选择等； 利用种间杂交、靶向突变和基因工程等方法开发新的遗传资源； 在小麦中应用其他植物的研究成果	协调产量测试协议和网络以及种质交换	开发适应不同环境和种植制度且具有较高产量潜力的新种质资源； 增强对与产量相关的生理、生化和遗传学知识以及基因、环境和管理相互作用的了解； 应用新的育种和选择策略，如杂交和基因组选择	利用基因组编辑、基因工程等新技术创建新种质

（2）稳定小麦产量。该主题领域的研究目标是培育出对主要病虫害具有持久抗性及更好适应多样化环境的小麦品种（表 1–8）。

表 1–8　稳定小麦产量的研究需求及优先行动

研究需求		优先行动		
		（1—5 年）	（5—10 年）	（>10 年）
稳定小麦产量	开展覆盖从病原体新种族识别、开发新抗病品种、到综合虫害管理全链条的研究； 开展病原监测、鉴定新抗性资源，并在此基础上开发新型病虫害管理制度； 分析抗性的遗传来源，开发分子标记和高效导入策略。 在大范围小麦及野生近缘物种中分离抗性基因，支持等位基因水平上的抗性育种。 测定抗性基因序列，利用基因组编辑技术创建新的抗性表型； 深入了解小麦病原菌的生物学特性及进化过程。	鉴定主要病害的新来源； 交换种质和抗病基因标记	基于基因组学的病原菌群监测及流行病学研究； 识别新型耐药机制； 在多个品种中实现持久抗病性	全面了解原发性病原菌抗性遗传网络； 推广应用多种病虫害持久抗性
	开展气候模拟和监测，包括分析不同生产环境胁迫的特性； 开发田间和控制环境试验的统计分析工具； 开发响应环境胁迫的生理生化模型；	标准化非生物胁迫的表型分析方法； 共享良好的种质资源、表型和基因型数据	应对多种非生物胁迫的遗传分析； 分离调控应对非生物胁迫的基因与等位基因； 将具有抗性的种质资源应用到育种中；	分离出适应多种环境条件的稳产基因； 在 2~ 3℃的温暖环境下，保持小麦产量，并增强其适应干燥环境的能力

（续表）

研究需求	优先行动		
	（1—5 年）	（5—10 年）	（>10 年）
开发有利于育种和基因发现的田间表型分析方法和试验地点； 开发广泛的基因组学技术； 研究非生物胁迫对籽粒品质影响； 耕作制度对胁迫环境的影响。		建立小麦响应非生物胁迫的遗传、生理生化综合数据库	

（3）增强小麦生产系统的可持续性

该领域的目标是提高肥料利用率，开发高产稳产小麦生产系统，实现产量和质量目标，提高环境的可持续性（表 1–9）。

表 1–9　增强小麦生产系统可持续性的研究需求及优先行动

研究需求		优先行动		
		（1—5 年）	（5—10 年）	（>10 年）
稳定小麦产量	改善营养利用效率，开发营养供应指标和测量技术，评估不同生理水平下的作物响应； 开发前育种计划促进相关性状遗传资源的使用，包括具有较高叶片 / 冠层光合效率的遗传变异； 分析营养物质与土壤微生物的互作，提高氮和其他营养物质的捕获能力； 识别参与营养利用率的基因位点和等位基因。	标准化相关指标和表现型；确定关键性状和理想株型	确定相关性状的自然变异； 量化不同环境和种植制度的潜在影响； 确定目标基因的等位基因； 开发分子工具，培育与土壤微生物进行良好互作的品种	利用具有较高养分利用效率的种质资源； 开发具有高营养密度籽粒的小麦品种； 开发生物固氮能力
	开发综合农艺策略，减缓气候变化的负面影响，并提高环境的可持续性； 优化作物残茬管理，免耕和覆盖作物等实践； 针对区域开发专门性资源优化，综合营养管理和小麦轮作策略； 综合利用新型遗传性状与精准农业技术创新小麦种植制度； 重视农艺措施，充分挖掘小麦产量潜力和技术质量； 开发决策支持系统，减轻昆虫、杂草和疾病的威胁； 提高灌溉和雨养环境下作物水分利用效率； 制定知识转移战略，以确保知识和创新在农场层面的推广应用	在发展中国家建设农艺能力，包括高素质人才和现代化的设备	开发作物综合管理系统，提供农艺措施，填补产量差距； 针对区域开发专门的资源优化技术，提高作物生产的可持续性； 进一步开发以知识为基础的决策工具和精准农业方法； 开发决策支持系统	进一步开发创新型小麦种植制度； 开发新的植物和作物的理想株型，以充分利用农艺方案

（4）确保高质安全的小麦供给。生产富有营养和健康安全的小麦，满足消费者和工业界的需求（表 1–10）。

表 1–10　确保高质安全的小麦供给的研究需求及优先行动

研究需求		优先行动		
		（1—5 年）	（5—10 年）	（>10 年）
确保高质安全的小麦供给	标准化检测谷蛋白的方法，深入了解谷蛋白在不同加工条件和产品品种中的，包括统一命名谷蛋白等位基因； 开展种质资源筛查以发现多种品质性状变异的来源； 深入了解谷物生物活性物质的遗传特性以及微量元素和高膳食纤维生物效率的遗传学知识； 深入了解小麦过敏原和有害物的性质和含量； 了解食品加工工艺对小麦蛋白消化率、营养物质的生物效率及与肠道微生物互作的影响； 在了解基因型、环境管理互作的基础上，精细调节谷蛋白，淀粉性质和谷粒硬度以适应不同需求； 减少小麦及其制品中有毒物质和真菌毒素的含量； 开发鉴定小麦质量和安全的低成本生物标记	开发谷蛋白等位基因的标准和方法； 鉴定真菌毒素和有毒物质含量低的种质资源； 开发出小麦品质，安全和营养决定因素相关的低成本分子标记	开发出低过敏原小麦	推广应用适应多变气候和多种需求的小麦

（5）使能技术与资源共享。建设资源和能力以支持小麦研究、育种和农艺发展。使小麦成为研究人员首选的研究对象（表 1–11）。

表 1–11　使能技术与资源共享的研究需求及优先行动

研究需求		优先行动		
		（1—5 年）	（5—10 年）	（>10 年）
使能技术与方法	小麦基因组参考序列； 改革育种体系，综合预测、重组、转基因； 利用系统生物学开展作物与植物模拟	解析出具有高质量、有序、注释的硬普通小麦参考序列； 重塑育种计划，优化整合基因组预测，改进改良过程	解析出硬粒小麦基因组参考序列； 小麦常规高通量基因和 QTL 克隆； 基于鲁棒系统的环境响应模型； 杂交小麦品种	利用突破性育种技术，加快遗传改良进程

（续表）

研究需求		优先行动		
		（1—5 年）	（5—10 年）	（>10 年）
共享技术与知识	构建小麦信息系统及其相关标准、协议等；创建表型平台，包括改进表型分析方法、建立通用的协议和参考种质；低成本高通量工具用于田间筛查，评价新技术搭建基因型平台	建立起基于 Web 的小麦数据访问门户；制定出标准化的基因型和表型分析方法以及参考资选择标准	建立起精准的高通量田间表型分析全球网络	利用表型研究全球网络加速遗传改良进程
遗传资源收集与保护	应大力支持更新和实施全球小麦保护战略，重点是利用小麦和相关品种种质资源在育种上的应用 开发一个单一访问的 Web 系统，促进对多个基因库的交叉搜索；开发新的方法，促进遗传资源在育种技术中的利用，包括开发可靠的表型和基因型数据等	明确关键资源合作和共享的责任；评估和促进资源及相关信息的可用性；评价小麦种质资源基础及相关品种，并拓宽应用范围；定义遗传资源再生，使用，分布，评价的准则	升级关键资源收集；探索新的种质资源采集地；增强保持和分配遗传资源的能力；利用更多和更高效的遗传变异，在育种中扩大等位基因多样性的应用	解析所有基因资源的序列和详细的表型信息

（二）国际作物育种研发布局

综合上述调研，可以看出目前国际作物育种的研究与开发的重点主要集中在以下 3 个方面。

1. 加强作物种质系统的建设与利用

（1）扩大种质资源的收集范围。增加新作物、特种作物、野生近缘种和地方品种等种质资源的收集，并通过国内外实地调研、交换和合作共享各地的作物遗传资源和信息。

（2）加强种质资源信息的组织管理。包括制定标准化协议，促进数据库的互操作性；改进数据管理和大数据解决方案，开发卓越的数据库接口和单机信息学工具，实现种质基因型和性能数据的管理、分析和解释。

（3）评估和描述遗传资源的种质特征。利用基因测序、高通量表型鉴定等方法分析重要性状特征及其遗传基础；开展表型评估和基因型特征研究，促进作物间的对比分析。

（4）优化种质资源的保存管理。开发能广泛适用于种质存储和再生期间保持遗传多样性的方法；制定和实施种质活力测试和监测方案以提高种质的存活率和质量，并延长再生间隔；改进保存和备份无性繁殖和非常规种子植物的方法。

2. 培育满足未来需求的优良品种

具体包括：能适应多种复种系统且能满足全球市场竞争需求的品种；水资源和农业投入品利用率高以及生产效率高的品种，以应对气候变化和资源短缺；具有生物或非生物抗性的品种，可以取代或补充农药使用并能适应气候变化，以降低灾害损失风险以及改善粮食安全；可以满足未来生物能源、生物基产品等新用途和新需求的品种。

3. 创新遗传改良和性状分析方法和工具

包括开发针对不同作物重要性状的高通量基因分型方法，创新分析数量性状的表型鉴定方法以及基因组选择和预测方法等。并集成多种知识和新工具方法，研发育种模型，搭建技术平台，包括环境响应模型、表型平台、育种平台等，以促进基因型和不同环境条件、管理实践的有利结合，提高育种能力，并最大程度减少成本和时间。

三、跨国种业公司发展概况

1. 孟山都

（1）公司简介。孟山都（Monsanto）公司成立于1901年，总部位于美国密苏里州的圣路易市。孟山都最初是一家化学公司，经营业务是糖精；1945年开始生产销售农用化学品；1960年成立农业部门，逐步拓展业务到农业、生物科技和制药领域；1976年开发出Roundup®除草剂；1981年确定了以分子生物学研究为未来公司新产品的主要发展方向；1987年进行了美国第一例转基因种子的田间试验；1996年，该公司推出Bollgard®抗虫棉及RoundupReady®抗除草剂大豆转基因种子，之后该公司陆续进行了农业生物技术公司和种子行销公司的并购，以研发更多的转基因种子。2000年，孟山都公司作为独立子公司被法玛西亚制药公司并购，并于 2 年后的 2002 年，从法玛西亚公司剥离成为一个独立公司，主营农业生物技术。

目前，孟山都公司重点经营种子、转基因、植物保护产品等业务，其大豆、玉米、棉花、油菜子和蔬菜种子以及“农达”除草剂等品牌在世界范围内享有盛誉。2014 年，孟山都公司的净销售额为 158.6 亿美元，其中，种子与基因组部门为 107.4 亿美元，占 67.7%。目前，孟山都在 61 个国家设有子公司，全球共有 2.17 万名员工。2011 年孟山都公司在全球种子公司中销售收入排名第一。2012 年，孟山都公司种子与基因组部门的销售收入占全球种子市场的 22.2%，接近 1/4，是世界最大的农业生物技术公司。

孟山都公司在其发展中曾兼并过大量农业生物技术公司和种子营销公司（表 1–12），其中，1996—1998 年集中并购了多家农业生物技术企业，具体包括：1996 收购 Agracetus 公司植物生物技术资产，1996—1997 年完成对生物研究公司 Calgene 的并购；1997 年购进 Cetus 生物公司，并在此基础上建立了世界上最大的转基因大豆实验室——Agracetus Campus，同年收购 Asgrow 的经济类作物种子业务；1998 年完成对迪卡（DeKalb）生物科技公司的收购。2005 年孟山都购进 Emergent 和 Seminis 公司，其中，Seminis 公司是当时规模最大的水果蔬菜种子公司，2008—2011 年孟山都又相继购进了荷兰 DeRuiter 公司等多家公司。

表 1–12　孟山都公司并购企业及业务切割情况

农业生物技术公司	1996	购买 Agracetus 的植物生物技术资产
		Calgene
	1997	Asgrow
		Cetus
	1998	DeKalb Genetics Corp
	2005	Emergent
		Seminis, Inc
	2008	Cana Vialis
		Alellyx
	2010	Chesterfield Village Research Center
	2011	Beeologics
		Divergence
	2012	Planting Technology Developer Precision Planting

（续表）

	2013	以色列公司 Rosetta Green
	2013	杜克大学旗下生物技术公司 Grassroots
	2013	美国生物技术公司 GrassRoots Biotechnology
种子营销公司	1997	Holden' s Foundation Seeds LLC
		Corn States Hybrid Service LLC
	2004	Channel Bio Corp
	2005	NC+Hybrids
		Fontanelle Hybrids
		Stewart Seeds
		Trelay Seeds
		Stone Seeds
		Specialty Hybrids
		Stoneville 公司的棉花业务
	2007	Delta and Pine Land
		Agroeste Sementes
	2008	Semillas Cristiani Burkard
		De Ruiter Seeds
业务切割情况		
Solutia	1997	分割工业化学品和人造纤维部门
MECS	2005	孟山都环境化学公司
Elanco	2008	出售 Posilac 相关业务

（2）经营业绩。孟山都公司以生产与销售种子为主营业务，种子净销售额约占公司全部净销售额 70%。图 1-1 给出了孟山都公司 2003 年以来的净销售

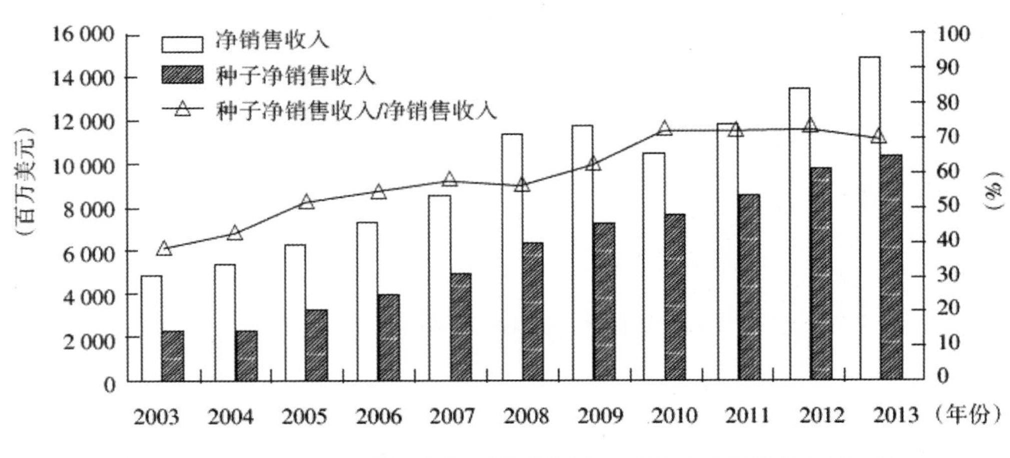

图 1-1　2003—2013 年孟山都公司种子净销售收入占总销售收入的比重

额及占公司总净销售额的比重。公司总净销售收入总体呈上升态势，而种子净销售收入则持续稳步上升，种子净销售额约占公司全部净销售额也呈上升态势。

孟山都公司最近3年的净销售额、息税前利润稳步增加，2014年分别达到158.6亿美元及39.5亿美元。其中，种子与基因组部门也持续增加，2014年净销售额为107.4亿美元，占公司净销售额的67.7%。表1–13列出了孟山都公司及种子与基因组部门各业务近3年的销售额。

表1–13　孟山都公司及种子和基因组部门近3年的销售额

项目（亿美元）	2014年	2013年	2012年
净销售额	158.55	148.61	135.04
息税前利润	39.52	34.60	30.47
研发支出	17.25	15.33	15.17
其中种子与基因组部门的净销售额	107.40	103.40	97.89
种子与基因组部门各块业务的净销售额			
玉米种子与性状	64.01	65.96	58.14
大豆种子与性状	21.02	16.53	17.71
棉花种子与性状	6.65	6.95	7.79
蔬菜种子	8.67	8.21	8.51
其他作物种子与性状	7.05	5.75	5.74

注：以8月31日为财政年度的终点

（3）研发业务。2014财年，孟山都投资17.25亿美元进行研发，研发支出占公司净销售额（158.55亿美元）的10.9%，大部分研发资金用于新型生物技术性状、优异种质、育种、新品种和基因组的研究，也有部分用于当前产品如农达除草剂的改进。图1–2给出了2003年以来孟山都公司的研发投入及占公司净销售额的比重。

①研发平台与研发线：孟山都目前有6个研发平台，其中，3个为核心平台，3个为新平台。核心平台包括作物保护平台、生物技术平台和育种平台，新平台包括气候平台、微生物平台和利用RNAi技术针对病虫害、杂草及蜜蜂健康的生物制剂平台（BIODIRECT）。其中与种业相关的平台为生物技术平台和育种平台。表1–14列出了孟山都目前各种作物不同研发项目的项目名称、研发目标、所属技术平台及研发线的进展。

研发线除新启动及已上市外，共有4个阶段，分别是：第一阶段——概

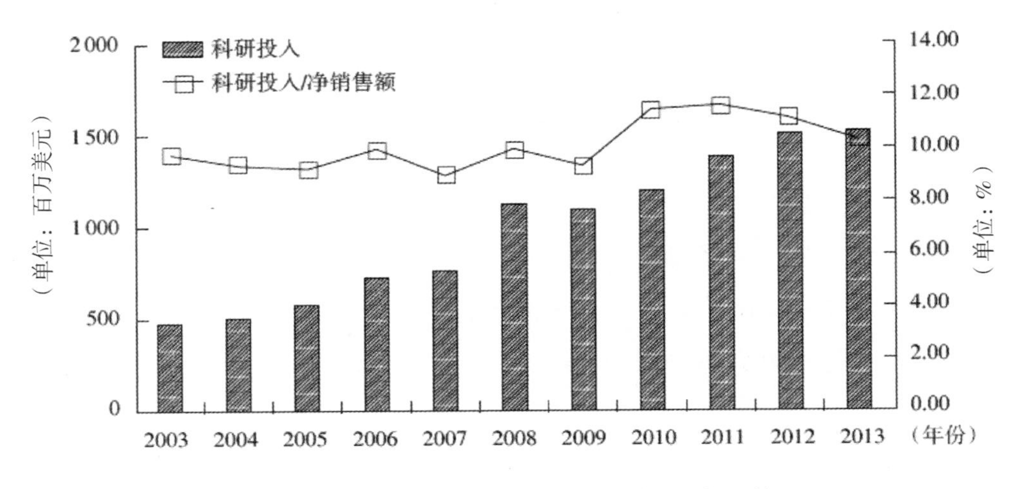

图 1-2　2003—2013 年度孟山都公司的科研投入情况

念验证阶段（Proof of concept），第二阶段——早期开发阶段（Early development），第三阶段——深入开发阶段（Advanced development）及第四阶段——上市前期阶段（Pre-launch）。孟山都育种研发流程具有一定的独特性：首先是寻找与发现基因，大概需要 2~4 年，其概率是 5%；然后概念论证需要 1~2 年，概率是 20%；早期研发需要 1~2 年，概率是 50%；高级研发需要 1~2 年，概率是 75%；上市前需要 1~3 年，概率是 50%。

表 1-14　育种相关的技术项目及研发线

作物	研发目标	项目名称	技术平台	研发线进展
玉米	高产耐逆	高产玉米（Higher-Yielding Corn）	育种平台 生物技术平台	阶段 3——深入开发阶段
		抗旱玉米（DroughtGard® Platform Expansion）	育种平台 生物技术平台	阶段 3——深入开发阶段
		第二代高产耐逆玉米（Corn Yield & Stress Ⅱ）	育种平台 生物技术平台	阶段 2——早期开发阶段
		第三代高产耐逆玉米（Corn Yield & Stress Ⅲ）	育种平台 生物技术平台	阶段 1——概念验证阶段
	抗病	灰色叶斑病抗性玉米（Gray Leaf Spot Resistance Corn）	育种平台	已上市
		戈斯枯萎病抗性玉米（Goss' s wilt Resistance Corn）	育种平台	已上市
		炭疽茎腐病抗性玉米（Anthracnose Stalk Rot Resistance Corn）	育种平台	阶段 4——上市前期阶段
		茎腐病抗性玉米（Stalk Rot Complex）	育种平台	阶段 1——概念验证阶段

（续表）

作物	研发目标	项目名称	技术平台	研发线进展
	抗虫	抗玉米根虫转基因玉米（SmartStax® PRO）	生物技术平台	阶段 4——上市前期阶段
		抗玉米穗蛾、秋夜蛾的第三代抗地上害虫玉米（3rd-Gen Above Ground Insect Protection）	生物技术平台	阶段 4——上市前期阶段
		第四代抗根虫等地下害虫玉米（4th-Gen Below Ground Insect Protection）	生物技术平台	阶段 1——概念验证阶段
		第四代抗玉米穗蛾、秋夜蛾等地上害虫玉米（4th-Gen Above Ground Insect Protection）	生物技术平台	阶段 1——概念验证阶段
	耐除草剂	耐草铵磷和麦草畏的下一代耐除草剂玉米（Next-Gen Herbicide Tolerant Corn）	生物技术平台	阶段 3——深入开发阶段
		可控制阔叶和草地杂草的第四代耐除草剂玉米（4th-Gen Herbicide Tolerant Corn）	生物技术平台	阶段 2——早期开发阶段
	其他	农达玉米杂交种系统（Roundup Hybridization System，RHS Corn）	生物技术平台	阶段 4——上市前期阶段
大豆	高产	下一代高产大豆（Next-Gen Higher-Yielding Soybean）	育种平台 生物技术平台	阶段 2——早期开发阶段
	抗虫	可抗黏虫等的第二代抗虫大豆（2nd-Gen Insect Protection Soybean）	生物技术平台	阶段 4——上市前期阶段
		第二代抗胞囊线虫大豆（2nd-Gen Soy Cyst Nematode）	生物技术平台	阶段 3——深入开发阶段
		第三代抗虫大豆（3rd-Gen Insect Protection Soybean）	生物技术平台	阶段 1——概念验证阶段
	耐除草剂	抗草甘膦和麦草畏的耐除草剂大豆（Roundup Ready 2 Xtend™）	生物技术平台 作物保护平台	阶段 4——上市前期阶段
		第三代耐除草剂大豆（3rd-Gen Herbicide Tolerant Soybean）	生物技术平台	阶段 3——深入开发阶段
		第四代耐除草剂大豆（4th-Gen Herbicide Tolerant Soybean）	生物技术平台	阶段 1——概念验证阶段
	其他	可改善油质抗麦草畏的大豆（VISTIVE® GOLD）	育种平台 生物技术平台	阶段 4——上市前期阶段
		改善油质的大豆（SDA OMEGA-3）	生物技术平台	阶段 4——上市前期阶段

（续表）

作物	研发目标	项目名称	技术平台	研发线进展
棉花	耐除草剂	耐除草剂棉花（Bollgard Ⅱ® XTENDFLEX™ Ground Breakers®）	生物技术平台 作物保护平台	阶段4——上市前期阶段
	抗虫	抗虫棉花（Genuity® Bollgard Ⅲ®）	生物技术平台	阶段4——上市前期阶段
		抗草盲蝽棉花（LYGUS CONTROL）	生物技术平台	阶段3——深入开发阶段
		第四代抗虫棉花（4th-Gen Bollgard®）	生物技术平台	阶段1——概念验证阶段
		第四代耐除草剂棉花（4th-Gen Herbicide Tolerant Cotton）	生物技术平台	阶段1——概念验证阶段
蔬菜	抗病	疫霉病抗性胡椒（Phytophthora-Resistant Peppers）	育种平台	已上市
		青枯病抗性番茄（Bacterial Wilt-Resistant Tomato）	生物技术平台	阶段4——上市前期阶段
		霜霉病抗性莴苣（Downy Mildew-Resistant Lettuce）	生物技术平台	阶段2——早期开发阶段
		双生病抗性番茄（Geminivirus-Resistant Tomato）	生物技术平台	阶段2——早期开发阶段
		高粘加工番茄（Thick Viscosity Processing Tomato）		阶段4——上市前期阶段
	其他	甜瓜（Harper Melon）		阶段4——上市前期阶段
		增白花椰菜（Brilliant White Cauliflower）		阶段4——上市前期阶段
油菜	耐除草剂	耐除草剂油菜（LibertyLink® Canola）	生物技术平台	阶段4——上市前期阶段
		耐除草剂油菜（TruFlex™ Roundup Ready® Canola）	生物技术平台	阶段4——上市前期阶段
		耐除草剂油菜（TruFlex™ Roundup Ready® Liberty Link® Canola）	生物技术平台	阶段3——深入开发阶段
		耐麦草畏油菜（Dicamba Tolerant Canola）	生物技术平台	阶段2——早期开发阶段
小麦	耐除草剂	耐除草剂（草铵膦和麦草畏）小麦（Wheat Herbicide-Tolerant I）	生物技术平台	阶段2——早期开发阶段
		耐除草剂（草甘膦）小麦（Wheat Herbicide-Tolerant Ⅱ）	生物技术平台	阶段2——早期开发阶段
甘蔗	抗虫耐除草剂	抗虫耐除草剂甘蔗（Insect Protected Roundup Ready Sugarcane）	生物技术平台	阶段2——早期开发阶段
苜蓿	优质	低木质素苜蓿（HarvXtra® Reduced-Lignin Alfalfa）		阶段4——上市前期阶段
	高产	高产苜蓿（Higher-Yielding Alfalfa）		阶段1——概念验证阶段

（续表）

作物	研发目标	项目名称	技术平台	研发线进展
	耐除草剂	下一代耐除草剂苜蓿（Next-Gen Herbicide-Tolerant Alfalfa）		阶段 1——概念验证阶段

② 2014 年的重要研发成果：在减少农田病害方面，孟山都研发的抗灰斑病玉米将使农民应对作物病害时拥有更多的方法。2014 年的研发试验证明，无论玉米病害严重程度高低，每亩玉米田增产超过约 126kg。通过创新的育种技术研发出的抗病害辣椒，使田间病害出现程度明显下降。在研发试验中，抗病害辣椒 Phytophthora-Resistant Peppers 的收成能够提高 80%。这项解决方案帮助农民生产更多的辣椒，同时，也带来新的环境解决方案。

在应对虫害方面，孟山都展示了 4 项新一代抗虫技术：8 种复合性状叠加的抗地上害虫地下害虫以及抗除草剂的玉米产品 SmartStax® PRO、第三代抗地上害虫玉米、第二代抗虫大豆和第三代抗虫棉 Bollgard® Ⅲ，公司预计在未来 10 年能够向农民进行推广。

在应对环境胁迫方面，孟山都 2014 年推出了抗旱性状和抗地上地下多种害虫性状叠加的杂交玉米品种 Genuity® DroughtGard® 杂交品种。该产品是与巴斯夫公司作物科学领域合作成果之一，该产品将会帮助农民在干旱炙热的环境下高效利用水资源，从而更好地管理作物在田间的表现。

在抗除草剂领域，孟山都继续在棉花上有所突破。通过抗除草剂和抗虫两种性状叠加的棉花产品 Bollgard II® XtendFlex ™，为农民提供业内领先的田间管理解决方案，帮助他们更灵活高效地管理农田。

（4）产品与服务。孟山都公司业务主要有 2 个部分，即种子与性状和作物保护。种子与性状包括全球种子与性状业务、遗传技术平台（生物技术、育种和基因组），作物保护包括农用除草剂业务和工业、草地、观赏用地除草剂业务。

孟山都公司的产品主要有三类，分别是高产常规种子或生物技术种子、先进的性状和技术以及安全有效的作物保护方案。孟山都出售 8 种作物的种子，包括玉米、棉花、大豆、油菜、小麦、苜蓿、高粱和甜菜。在不种植转基因作物的国家，孟山都向农民出售通过杂交育种技术生产的常规种子；在接受转基因作物种植的国家，孟山都既出售转基因种子，也出售常规种子。所售转基因种子可能包括如下转基因性状：耐除草剂（如 Roundup Ready® 作物）、抗虫（如 VT Triple PRO® 玉米、INTACTA RR2 PRO® 大豆、Bollgard II® 棉花）、抗旱（如 DroughtGard® 杂交种）。

孟山都公司拥有系列知名商标，包括 Asgrow、Certainty Turf、Channel、Degree XTRA、DEKALB、Deltapine、Fontanelle、Gold Country Seed、Harness、Hubner Seed、INTRRO、Jung Seed Genetics、Kruger Seeds、Lariat、Lewis Hybrids、Micro–Tech、Outrider、Outrider – IT&O、Rea Hybrids、Roundup Custom、Roundup PowerMAX、Roundup PRO Concentrate、Roundup PROMAX、Roundup QuikPRO、Roundup WeatherMAX、RT 3、Specialty Hybrids、Stewart Seeds、Stone Seed Group、TripleFLEX、WestBred 等。表 1–15 给出了种子和基因组部门的主要商标。

表 1–15　种子和基因组部门的主要商标

主要产品	应用	主要商标
种质	作物种子	玉米：DEKALB 大豆：Asgrow 棉花：Deltapine
	蔬菜种子	Seminis、De Ruiter
生物技术性状	抗病虫害	玉米：SmartStax、YieldGard、YieldGard VT Triple、VT Triple PRO、VT Double PRO 大豆：Intacta RR2 PRO 棉花：Bollgard 和 Bollgard II
	耐除草剂	Roundup Ready、Roundup Ready 2 Yield（仅为大豆）、Genuity

（5）未来发展目标。孟山都公司 2014 年 8 月发布的消息指出，在长期需求的农业前景的驱使下，孟山都公司将通过扩大核心业务以及挖掘新平台两项措施创造更多的经济增长机会。三大核心业务是孟山都增长目标的基础，在未来 5 年，孟山都希望其能带来超过 10 亿美元的毛利润增长。具体包括如下。

①“大豆十年”：通过抗农达、Intacta RR2PRO 系列以及 Roundup Ready® 2 Xtend 等种子生产体系，实现对全球种植面积超过 6.07 亿亩的大豆进行不断的技术升级。

②全球玉米育种技术升级：其中，最大的优势是利用更新的、产量更高的玉米品系为种植者创造新的机会和价值。孟山都公司将利用这一机会，加强新

产品组合，稳步推进和提高新的种质资源在市场上的份额。

③拓展玉米市场，提高投资影响力：孟山都公司通过推动优质玉米产品的全球化，提高运营效率，并希望占领稳定增长的市场（如东欧），以实现全球的增长目标。

孟山都的新建研发平台也可以带来更多的增长。

- 意外天气保险平台将会有比预计更多的需求。由于对该平台产品系列的需求比最初预计的要多，而且产品服务也比较好，所以，该平台在基础气候服务方面可以为超过 30 350 万亩的耕地提供服务。
- 与诺维信公司合作探索微生物未知领域。孟山都与诺维信公司将合作创建行业内最先进的微生物平台，开发出新的微生物产品和解决方案。

（6）孟山都公司在中国的发展。目前，孟山都公司与中国的合资项目，主要是在河北和安徽分别成立了“河北冀岱棉种技术有限公司”和“安徽安岱棉种技术有限公司”，在河北建立可持续发展示范村以及成立中种迪卡种子有限公司。

1996 年，孟山都公司开始在中国经营农化业务和生物技术授权业务。当年将第一代保铃棉技术引入中国，并将该技术授权给美国岱字棉 D&PL 公司，为中国农民提供先进的抗虫棉种子。1996 年 11 月，孟山都公司与河北农业厅下属的河北省种子站以及美国岱字棉公司合作成立了第一个生物技术合资企业，河北冀岱棉种技术有限公司，第一次将保铃棉棉种带入中国市场。该项目的迅速成功，带动了其他合作项目的产生。1998 年 7 月，孟山都又成立了安徽安岱棉种技术有限公司，引进了转基因棉种之后，棉农的种植成本降低了大概 20% 左右，安全性也有显著提高。

此外，孟山都公司还与农业部全国农业技术推广中心、国际矿业公司（IMC 国际公司）以及加拿大国际发展机构共同在河北省永年县陈刘营村建立了可持续农业示范村，通过效果展示，推广抗虫棉种子。据介绍说，该示范村项目对于中方来讲，可谓获益匪浅。首先，全国农业推广中心收获很大，学到了不少国际上流行的项目管理经验和方法。孟山都有一整套农业技术推广的先进方法，提出了“农民第一”的概念，采用科学的调研方法，在深入农户，为农民召开研讨会，对项目进行进度监测等方面工作都做得非常细致。其次，农民收获也不小，主要是在观念上得到了改变，获得了许多先进的种植经验。

2001年孟山都公司与中国种子集团公司合资成立“中种迪卡种子有限公司”，开始在中国推广迪卡品牌的杂交玉米种子。中种迪卡种子有限公司注册资本为2 640万元，总投资额为7 920万元，其中，孟山都占了49%的股份，中种集团占了51%的股份，由中方担任集团主席。由于迪卡系列杂交玉米种子具有产量高、稳定性好和品质优良的特点受到了农民朋友的欢迎。经过多年市场培育，目前“迪卡”品牌的杂交玉米种子在山东省和东北，西北以及西南地区均有销售。

为增加合资公司的研发能力，使其成为“育、繁、推”一体化的种子公司，从而更好、更快地为农民提供良种，2013年孟山都公司与中种集团达成协议，将孟山都公司在华育种研发平台全部合并至该合资公司，同时，对合资公司开放孟山都公司的全球种质资源，合资公司更名为“中种国际种子有限公司”（中方为大股东）。

目前，孟山都主要在华经营的玉米种子包括DK519、M751、M753、DK018、DK007、DK008、DK516、DK517、DK667。在中国销售的蔬菜种子包括番茄、菠菜、辣椒、甜椒、西蓝花、白菜花、洋葱、甜玉米、生菜、甘蓝、黄瓜等传统蔬菜种子产品。拥有2个种子品牌：圣尼斯Seminis®和德澳特De Ruiter™。

2. 杜邦先锋

（1）公司简介。杜邦先锋公司是世界第二大种业公司，主要从事以玉米杂交种为主的研发、生产和销售，同时，从事国际同类业务的投资。在世界近70个国家生产和销售玉米杂交种，占世界玉米种子市场的20%以上，占美国玉米种子市场的50%。2013年种子销售额为82.17亿元，仅次于孟山都，位居世界第二，占其农业部门总销售额的70%。从产品分类上看，玉米种子销售额最高，占48%；其次是大豆种子的销售额，为14%；从地区上看，北美是其主要市场，共占51%，其次是欧洲和拉丁美洲，约为20%（图1-3）。

（2）育种技术。杜邦先锋的育种技术一直处于世界领先地位。在过去，先锋最早一批商业化运用杂交育种技术；1950年运用电子数据处理系统测试农作物产量；20世纪70年代超越迪卡白遗传公司（Dekalb Genetics）成为美国玉米

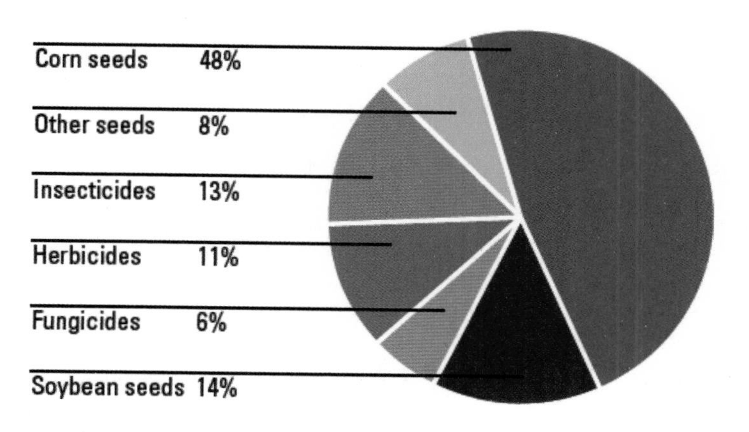

图 1-3　2013 年杜邦先锋农业部门各产品销售额占比情况

种业龙头；1989 年建立生物技术小组探索生物育种技术；1990 年首次应用冬季培养技术；1999 年被杜邦收购实现强强联合。现阶段，杜邦先锋公司以独创的高产技术体系 AYT™、玉米未成熟穗光度测定技术、SPT 技术（全新的杂交种子生产技术体系）以及分子标记辅助育种等多种核心育种技术搭建了完善的先锋育种技术平台，在育种周期和育种精度上都具有明显的优势（表 1-16）。

表 1-16　杜邦先锋主要育种技术概况

技术名称	技术概要	供应市场
BOREAS 移动风机技术（先锋独创）	应用于 AYT™ 技术体系，以精度测试品种抗倒伏能力	美国、欧洲及全球
单倍体加倍育种技术	应用于 AYT™ 技术体系，以加速玉米自交系培养	北美、南美、亚太地区和非洲
DNA 测序技术	用于发现调控农艺性状的重要基因或区域的核苷酸序列	北美及全球
玉米未成熟穗光度测定技术（专利独创技术）	即数字图像分析系统，用于快速测量单穗的产量	全球
高效基因分子重组（专有）	应用于快速开发新基因及有效的基因组合	美国及全球
Southern 测序技术	用于高通量鉴定转基因植物中外源基因的 DNA 序列信息，以开发新的生物技术产品	美国及全球
ENCLASS® 技术体系	利用作物模型和历史气象数据估计目标区域气候环境频率，帮助预测产品在不同环境中的表现，为研究人员及用户提供指导	北美、拉丁美洲、印度和欧洲

（续表）

技术名称	技术概要	供应市场
SPT 技术（先锋独创）	将育性恢复基因、花粉失活（败育）基因和标记筛选基因作为紧密连锁的元件导入隐性核雄性不育突变体中，获得核雄性不育突变体的保持材料，用于生产制种	全球
位点特异整合技术	该技术是一种转基因打靶技术，能对同一位点插入的多个候选基因进行直接比较分析	全球
分子标记辅助选择体系	应用于 AYT™ 技术体系，以寻找特定基因的抗性功能（抗虫、抗旱、抗倒伏等）	全球

（3）主要品种。杜邦先锋近年来关注的作物以玉米和大豆为主，其育种目标集中在抗病虫害、耐除草剂、耐旱等性状。另外，还开发低亚麻油酸大豆、高油大豆等。高油酸大豆 Plennish™ 的大豆油不含反式脂肪，于 2009 年和 2010 年分别取得美国 FDA 及 USDA 动植物食用标准，也取得了加拿大、墨西哥、中国、澳大利亚、新西兰、南非及韩国的进口许可。杜邦先锋近年推出的产品，如表 1–17 所示。

表 1–17　杜邦先锋近年产品

品种	内容	供应市场
Pioneer®brand corn hybrids	杂交玉米，利用 AYT™ 技术体系育成	全球玉米市场
Optimum® AcreMax® Family of products	抗虫转基因玉米	北美玉米市场
Optimum® AQUAmax® hybrids	耐旱杂交玉米	北美及欧洲玉米市场
Optimum® Intrasect®	针对多种地上害虫的保护产品	北美和巴西玉米市场
Pioneer®Brand Y and T Series soybeans	利用 AYT™ 体系研发的高产大豆	北美和巴西大豆市场
Pioneer® brand soybeans with the PLENISH® high oleic trait	利用 AYT™ 体系研发的高油酸大豆	美国大豆市场
Pioneer® Brand sunflowers with DupontTMExpressSun® trait	耐除草剂向日葵	北美和欧洲向日葵市场
Pioneer Protector® resistance trait for canola and unflower	抗根肿病和菌核病油菜；抗杂草或白粉病向日葵	加拿大油菜市场和欧洲向日葵市场
Pioneer MAXIMUS® anola seed	高产、半矮秆杂交种	欧洲油菜市场

（4）在研项目。关于产品研发方面，杜邦针对玉米、大豆、水稻、油菜的研发项目如图所示，玉米及大豆以抗虫品种为主，耐旱和提高氮利用率品种也是玉米的重要开发项目；另外，抗亚洲大豆锈病、改善饲料效率，高油酸大豆也是大豆育种重要项目。油菜开发项目为耐除草剂品种；水稻育种则包括耐除草剂和抗品种的培育（表 1–18、表 1–19、表 1–20）。

表 1–18　杜邦先锋玉米育种项目进展概况

项目名称	研发阶段						品种特点
	基因挖掘	阶段Ⅰ	阶段Ⅱ	阶段Ⅲ	阶段Ⅳ	产品投放市场	
第二代耐旱玉米							利用转基因方法提高玉米耐旱性，并引入 Optimum® AQUAmax® 产品中
玉米未来抗虫项目							利用新基因和先锋专有的基因重组技术，培育抗鞘翅目和鳞翅目的玉米
转基因抗虫玉米 DP4114							该作物提供了双重作用机制，可防治地上和地下害虫，它通过一次基因修饰，同时，介入多个性状
氮高效利用玉米							运用转基因、分子和常规育种方法开发氮素高效利用品种
OPTIMUM® LEPTRA™ 抗虫杂交种							整合了三种性状，能提供多种靶标作用方式，对玉米根上多数害虫具有防控作用

注：杜邦先锋产品研发 pipeline 中，阶段Ⅰ – 概念验证，阶段Ⅱ – 早期开发、阶段Ⅲ – 前期开发、阶段Ⅳ – 试生产；黄色表示项目目前进展阶段

表 1–19　杜邦先锋大豆育种项目进展概况

项目名称	研发阶段						品种特点
	基因挖掘	阶段Ⅰ	阶段Ⅱ	阶段Ⅲ	阶段Ⅳ	产品投放市场	
抗蚜大豆							利用多基因提高大豆抗蚜性
抗亚洲大豆锈病							利用内源和转基因的方法鉴定和验证抗亚洲大豆锈病的主效基因
抗半翅目害虫大豆							利用生物技术的方法培育抗虫大豆，目前正筛选测试和评价有效的基因
提高大豆油含量和豆粕品质							增加蛋白含量或提高豆粕消化率

（续表）

项目名称	研发阶段						品种特点
	基因挖掘	阶段Ⅰ	阶段Ⅱ	阶段Ⅲ	阶段Ⅳ	产品投放市场	
抗鳞翅目大豆							培育持久抗地上害虫的大豆，目前正测试对关键害虫具有多重作用和新的作用模式的基因和基因组合
具有多重作用模式的耐除草剂大豆							利用 AYT™ 体系将各种除草剂耐性整合到优异种质资源中
PLENISH® 高油酸大豆							具有 75% 的油酸和 25% 的饱和脂肪酸

表 1-20　杜邦先锋油菜和水稻育种项目进展概况

项目名称	研发阶段						品种特点
	基因挖掘	阶段Ⅰ	阶段Ⅱ	阶段Ⅲ	阶段Ⅳ	产品投放市场	
耐除草剂油菜 OPTIMUM®GLY CANOLA TRAIT							利用基因重组的方法培育草甘膦耐性油菜杂交种
耐除草剂油菜 LIBERTYLINK® TRAIT							抗草胺磷的油菜杂交种
耐除草剂油菜 OPTIMUM®GLY AND LIBERTYLINK® TRAIT STACK							草铵膦和草甘膦双重耐性油菜杂交种
杂交水稻技术Ⅱ							利用 SPT 进行杂交水稻培育
抗鳞翅目水稻							正在评价多个主效基因

（5）杜邦先锋在中国的情况。杜邦先锋公司在进入我国种业时，并没有采取传统的技术贸易等方式，一方面采取了直接机构扩张方式，建立玉米研发中心，实行核心技术内部转移的策略（表 1-19）；另一方面同时与国内种业公司合作建立种子生产和销售体系，向研发繁育、生产、销售一体化方向发展，逐渐形成了上中下游相结合的完整的体系，目前已经推出了一系列商业化品种

上市（表 1–21、表 1–22）。

表 1–21　杜邦先锋在中国的研发布局

时间（年）	合作单位	合作内容	合作方式
1998	中国铁岭先锋种子研究有限公司	开展杂交玉米育种和测试	建立研究中心
2002	山东登海先锋种业有限公司	夏季玉米	合资企业
2006	敦煌种业先锋良种有限公司	种子的研发、繁育、加工、贮备、销售	合资企业
2007	北京凯拓迪恩生物技术研发中心	加快研发高品质农艺性状基因	合资企业
2007	国家杂交水稻工程技术研究中心	杂交水稻品种的测试	合作研究
2008	中国生物技术公司成立	加强基因功能发现的研究	合资企业
2009	中国农业科学院植物保护研究所	农作物的抗虫性能	合作研究
2012	杜邦先锋分子育种技术中心	研发新型高产玉米杂交品种	建立研究中心

表 1–22　杜邦先锋在中国的玉米品种审定情况

品种	母本	父本	审定情况		品种	母本	父本	审定情况	
			省审	国审				省审	国审
先玉335	PH6WC	PH224	滇审玉2012019 甘审玉2011001 黑审玉2009006 宁审玉2008002 蒙认玉2008023 新审玉 2007 35 号 辽审玉[2005]250	国审玉2006026 国审玉2004017	先玉 33B75	PH2P8	PH224	鲁农审字[2005]012 黑审玉2004013 辽审玉[2001]105 吉审玉2002023	
先玉32F20	PH6WC	PH2N1	辽审玉[2005]225 吉审玉2002022		先玉 696	PH6WC	PHB1M	川审玉2013017	国审玉2006025
先玉128	PH2VK	PH4CV	豫审玉2005005		先玉 698	PH6WC	PH4CN	辽审玉[2008]359	
先玉252	PH6JM	PHB1M		国审玉2006024	先玉 716	PHCER	PHGC1	吉审玉2011017	

（续表）

品种	母本	父本	审定情况		品种	母本	父本	审定情况	
			省审	国审				省审	国审
先玉32D22	PH09B	PHPMO	甘审玉2014005 蒙认玉2006015 瀍 辽审玉[2005]224 吉审玉2004024	国审玉2005013	先玉 508	PH6WC	PH5AD	新审玉2013 年 25 号 辽审玉[2005]209	国审玉2006043
先玉33G05	PH09B	PH2MV	辽审玉[2001]106 吉审玉2002024		先玉 023	PH12P3	PH12RP	吉审玉2013009 辽审玉[2012]552	
先玉38P05	PH1W2	PHTD5	黑审玉2013027 吉审玉2004025		先玉 688	PHJEV	PHRKB	冀审玉2011011 鲁农审2010004	
先玉409	PH88M	PH4CV	吉审玉2006020		先玉 045	PH1DP8	PHRKB	鲁农审2013005 号	
先玉420	PH6WC	PH6AT	蒙认玉2006010 瀍	国审玉2005012	PR3394	PHP38	PHN46	黑审玉2002006	
先玉424	PH21W	PH4CV	冀审玉2006021		X1132X	PH4CV	PH6WC	豫审玉2004014	
先玉027	PHHJC	PH12RP	辽审玉[2012]570 号		32T24	PH09B	PH2N1	冀审玉2004013 号	
先玉32T24	PH2P8	PH4CV	鲁农审字[2004]006		33P23(X1121)	P224	P2MV	吉审玉2004023	
先玉738	PH8JV	PHN5A	豫审玉2010002						

3. 利马格兰

（1）公司简介。利马格兰（Limagrain）集团是一家国际性的农业合作社集团，由法国农民于 1942 年在奥弗涅地区（位于法国中部）成立，距今已有 70 年的发展历史。

利马格兰专业致力于大田种子、蔬菜种子与谷物产品，在全球农业与农产食品加工业中具有持续的影响力。该公司在种业领域位居世界第四，其中，大田种子位居世界第四，蔬菜种子位居世界第二。

利马格兰集团其他产品还包括：旗下 LCI 公司生产的功能性面粉位居欧洲领先水平，这种面粉可适用于农产食品的各个加工领域，尤其在婴儿食品方面。LCI 公司还生产 100% 可降解 100% 可堆肥的农业地膜。此外，Jacquet-Brossard 是利马格兰集团旗下的一个子公司，专门经营烘焙系列食品，位居法国面包糕点业市场中的第三位。

利马格兰集团目前年总销售额接近 19.69 亿欧元（2012 年，利马格兰集团全球营业额达到 17.84 亿欧元，同比增长 14.7%），其中，69% 的销售额来自法国以外，净收入 9 700 万欧元。子公司遍布全球 41 个国家，世界范围内的员工总数达到 8 600 多人，其中，包含近 1 800 名研发人员。

Vilmorin & Cie 集团为法国利马格兰集团持股 72% 的控股子公司，主要从事大田作物种子和蔬菜种子运营，其股票在法国巴黎证券交易所上市交易，是世界最大的种业集团之一。

作为全球领先的种业集团，利马格兰始终视研发为集团的核心优势，将 13% 的专业销售额投入研发，并持续推动创新。

（2）公司历史。利马格兰成立于 1942 年，通过不断的业务拓展、并购，逐步实现战略方向的调整和发展壮大。表 1-23 给出了利马格兰重要历史节点的主要动向。

表 1-23　利马格兰的发展历史

时间	事件
1942	在法国中部高原地带（Massif Central）奥弗涅地区建立了种子生产与销售合作社
1965	合作社命名为利马格兰，并在法国 Aubiat 开始运行其首个玉米研究站
1970	著名玉米品种 LG 11 登记
1975	收购法国威马公司 Vilmorin，开始进军蔬菜种子领域
1979	在美国建立首个玉米研究站
1983	在法国 Ennezat 建立玉米加工厂，是其开展垂直一体化产业链经营策略的重要转折点
1986	在法国 Clermont-Ferrand 建立首个植物生物技术实验室 Biosem
1989	
1990	收购 Nickerson，正式进军小麦领域
1992	在法国 Riom 建立 Ulice 研究中心，实现遗传创新与新工业流程的协同

（续表）

时间	事件
1993	法国威马（Vilmorin & Cie）公司在巴黎股票市场上市
1994	在北美建立玉米业务部门
1995	收购 Jacquet，开始经营烘焙产品
1997	收购法国蔬菜种子公司 Clause 和美国蔬菜种子公司 Harris Moran，建立专注于大田种子的生物技术公司 Biogemma
1999	参加欧洲植物基因组计划 Génoplante
2000	与德国 KWS 合作建立 AgReliant 公司在北美开展玉米和大豆业务
2001	法国威马（Vilmorin & Cie）公司与荷兰蔬菜生物技术公司合作建立 Keygene
2002	在法国 Riom 建立谷物配料公司 Limagrain Céréales Ingr é dients
2003	收购以色列海泽拉 Hazera 公司
2004	收购法国 WestHove 公司
2005	收购埃德瓦塔（Advanta）欧洲公司，与法国 Céréales Vall é e 合作在谷物创新方面具有集群竞争力
2006	将大田种子业务与 Vilmorin & Cie 的蔬菜种子业务合并，收购日本蔬菜公司 Mikado Seed Growers 米可多协和株式会社，收购法国 Société de Viennoiserie Fine 公司
2007	与世界领先的杂交水稻种子公司隆平高科合作，在日本建立蔬菜种子业务部门 Mikado Kyowa Seeds
2008	收购比利时 Milcamps Food 公司，与澳大利亚领先的小麦公司 AGT 开展战略合作
2009	与 Maïcentre and Domagri 合作社合并，收购美国 Dahlco Seeds 公司，收购比利时 Clovis Matton 公司，收购法国 Créperie Lebreton 公司
2010	在美国建立利马格兰谷物种子公司 Limagrain Cereal Seeds，以发展国际小麦业务，法国战略投资基金 Strategic Investment Fund 为利马格兰的控股股东利马格兰（法国）集团控股公司（Group Limagrain Holding）注入资金，在阿根廷建立利马格兰南美公司 Limagrain South America
2012	在印度收购 Bisco 大田作物种子业务和蔬菜种子公司，并入利马格兰亚洲部门
2013	收购 Link Seed(南非) 公司，建立利马格兰非洲部门
2014	收购热带玉米种子公司 Seed Asia (泰国)

（3）公司结构。利马格兰旗下有多个知名种子企业，包括如下。

①法国威马种苗公司，品牌“vilmorin”。

②法国克鲁斯种子公司，品牌“cluse”。

③法国泰兹种苗公司，品牌“tezier”。

④美国摩根种子公司，品牌“harris moran”。

⑤以色列海泽拉种苗公司，品牌“hazera”。

⑥荷兰尼克森种子公司，品牌“nickson zwaan”。

⑦日本米可多协和株式会社，品牌“mickado kyowa seeds”。

（4）研发。

①研发目标：利马格兰育种研发的标准和目标包括高效（节水、节肥）、抗生物胁迫（害虫、病毒、细菌、真菌、杂草）和非生物胁迫（耐旱、耐寒、耐热）。具体目标见表 1–24。

表 1–24　利马格兰集团创新目标与进展

项目	2014/2017 年目标	2013/2014 财年进展
保护研发，提供了解进展的机会	发展创新能力； 发展一个适合的、公平的植物育种保护系统； 建立一个有关创新的教育方法	提升利马格兰知识产权内部及外部传播的状况； 提高对有关遗传资源获取和植物创新保护方面的决策的认知； 研发预算增加 0.5%，达到专业销售额（professional sales）的 13.5%，用于保护超过 10000 种植物品种的遗传资源； 加入多个跨领域工作组，包括：GNIS、UFS、ISF、Alliance 7 等
发展集体智慧的文化	与利益相关方以动态、合作创新的方式发展伙伴关系； 通过加强集团内的协同作用发展集体智慧	结合 HM.CLAUSE 和 Vilmorin 两个业务单元的专家智慧开展莴苣项目研究； 登记了 Genective 的首个玉米性状
为农场主提供高性能、可靠的农艺解决方案	与农业生产者建立长期联系； 减少农用化学品的利用； 稳定农艺方案的社会环境影响	2013/2014 财年向市场投入了 494 个品种，包括 375 种蔬菜品种和 119 种大田品种； 2013 年由利马格兰（欧洲）实施一项免费的农艺决策工具“LG Vision irrigation”，帮助农场主优化其灌溉

②研发中心：利马格兰在全球有超过 50 个大田种子研究中心，其最大的研究中心是位于法国奥弗涅 Auvergne 的 Chappes 研究中心。Chappes 研究中心开展利马格兰的大田种子和 Biogemma 公司的研发工作。利马格兰植物基因型分析实验室是全球最大的。Chappes 研究中心拥有超过 $1hm^2$ 的实验室和办公室，2 600m^2 的温室以及近 200 名雇员和博士研究生。图 1–4 给出了 Chappes 研究中心的组成。

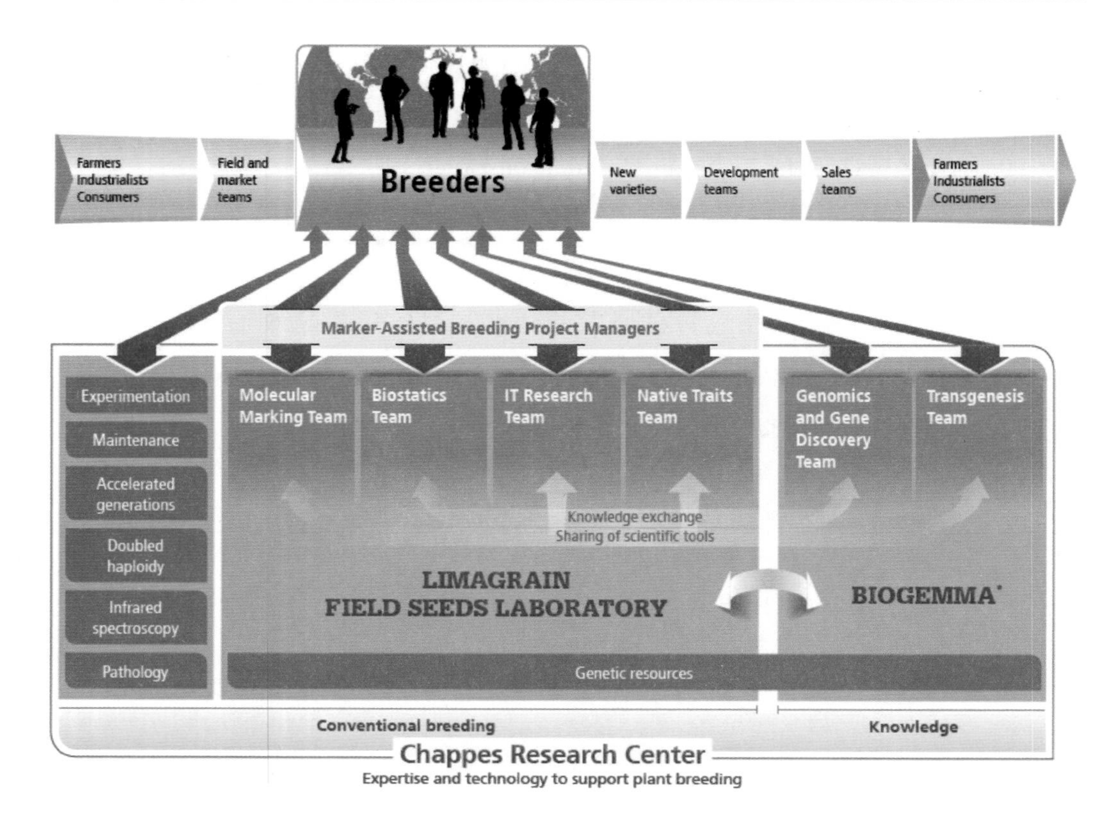

图 1–4　Chappes 研究中心的组成

③研发合作：利马格兰开展了大量研发合作。在大田种子领域，利马格兰是生物技术公司 Biogemma 最大的控股股东，与 KWS 种子公司合作建立法德合资企业 Genective 来研发转基因玉米性状。在蔬菜种子领域，利马格兰与荷兰 KeyGene 公司合作开展植物生物技术研发。在全球的众多研发合作伙伴还包括美国 Arcadia、以色列 Evogene、法国 GIS Biotechnologies Vertes、法国农业科学研究院（INRA）、澳大利亚联邦科工组织（CSIRO）、中国农业科学院（CAAS）、美国加利福尼亚大学戴维斯分校、以色列希伯来大学、英国约翰英纳斯中心、德国马普研究所、荷兰瓦赫宁根大学及研究中心等。

④研发投资：2013/2014 财年，利马格兰强化了其常规植物育种和生物技术育种的研发投资，总研发投资达到 2 亿欧元。表 1–25 给出了利马格兰历年的研发投入。

表 1-25　利马格兰集团的研发投入

年份	研发投入（亿欧元）
2014	2.00
2013	1.88
2012	1.65
2011	1.57
2010	1.44
2009	1.24
2008	1.11
2007	1.02
2006	1.00
2001	0.77
1996	0.42

（5）产品。

①大田种子产品：

利马格兰的大田种子产品主要包括玉米、小麦、葵花籽、油菜子，其中，玉米和小麦种子是利马格兰在全球进行重要部署的重点产品。利马格兰有 6 个业务单元从事大田种子的经营，包括利马格兰（欧洲）有限公司（Limagrain Europe）、AgReliant Genetics（威马与 KWS 各持 50% 的股份）有限公司、利马格兰（亚洲）有限公司（Limagrain Asia）、利马格兰粮食种业有限公司（Limagrain Cereal Seeds）、利马格兰（南美）有限公司（Limagrain South America）、利马格兰（非洲）有限公司（Limagrain Africa）；共有 2 764 名雇员；是全球第六大种子公司，所经营的小麦种子在欧洲位列第一。

第一，玉米种子

玉米是利马格兰集团的战略性作物。利马格兰最初将业务中心定位在玉米品种开发上，之后开展玉米种子的生产与销售。现在威马已将这些业务全部整合在一起。利马格兰通过在法国 Limagne 地区创建的粗粒玉米部门，同时，借助 Limagrain Cereales Ingredients 提供的研发和生产支持，来扩大业务。

1965 年，利马格兰在法国奥弗涅地区建立了第一个玉米研究站，1970 年利马格兰推出了 LG11 这个持续风靡北欧的杂交品种。此后 40 年中，利马格兰不断地通过其在全球的 31 个玉米研究站网络进行国际性研发。利马格兰玉米品种在全球的种植面积近500万hm^2，其中，欧洲出售的75%玉米种子中有一半产自利马格兰。利马格兰是世界顶级饲用玉米生产商之一。借助AgReliant Genetics公司，利马格兰在北美市场位居第三位。目前，利马格兰有400多个玉米品种以LG和Advanta品牌在欧洲销售，有300多个玉米品种以AgriGold、LG Seeds、Great Lakes Hybrids、Pride、Producers Hybrids、Wensman等品牌在北美销售。

玉米育种标准包括生产力、耐生物胁迫（病虫害）和非生物胁迫（寒冷、干旱、盐）是基础的育种标准。由于生物技术（基因组学、转基因等），目前可以有效地实现氮与水的同化、抗倒伏（雨）、消化性与营养值等目标。

在玉米领域，利马格兰将其80%的研发预算用于新品种的开发，20%用于生物技术工具开发。富有前景的研究项目有：利马格兰主要持股的欧洲植物生物技术公司Biogemma的研究人员已经定位了一种更强的耐水份胁迫的基因以及影响花期的另一种基因，研究结果可能会影响玉米作物的水利用效率。

第二，小麦

1990年，利马格兰通过收购一家英国种子生产商Nickerson而正式进军小麦领域。此后，利马格兰集团进行了一系列的并购行为，从而巩固了其作为欧洲第一大小麦种子生产商的地位，并在全球范围内扮演着重要角色。主要举措包括：2000年，集团整合了法国的Verneuil公司，利马格兰（Verneuil）控股公司成立，其余2010年成为利马格兰（欧洲）；2005年兼并了荷兰的Advanta（欧洲），确立了在英国、法国、德国与土耳其的坚实地位；2006年，兼并了Innoseeds（丹麦DLF公司的子公司），并于2009年兼并了Clovis Matton。2002年，利马格兰成立了山西利马格兰来支持它在中国的研发项目。2010年，利马格兰粮种公司（Limagrain Cereal Seeds）组建，为集团注入了新动力，该公司制定了利马格兰在欧洲之外（从北美基地开始）的小麦战略。同时，随着集团的发展，利马格兰与澳大利亚的企业建立了合作关系，即成立了Arista合资公司，由CSRIO、GRDC与Limagrain Cereales Ingredients在2006年联合组建。于是2008年，在澳大利亚开创了一个新局面，收购了澳大利亚植物育种的领导企业澳大利亚谷物技术公司（Australian Grain Technologies）的股份。随后在2010年，与致力于水肥利用的相关基因开发的美国阿卡狄亚生态技术公司（Arcadia Biosciences），建立了战略联盟。

集团的目标是基于小麦产业链（从基因到成品）的全方位发展，成为世界级的小麦专家。集团对育种家在了解用户、农户、生产商与消费者的真实需求方面提供了有力指导，从而奠定了其目前独特的竞争优势。目前，利马格兰的小麦种子业务在法国与西班牙名列第一，在英国名列第二，占有 18% 的欧洲市场份额。利马格兰品种种植面积达 3 501 000hm^2。在欧洲以 LG、Nickerson、AGT、LCS 品牌销售的品种达到 100 多个。

利马格兰 1992 年组建了 Ulice 研究中心，致力于提高小麦种子的生产效率。Ulice 研究中心为植物品种研发人员与农业食品行业提供了一个交流平台，使基础研究与应用研究紧密结合，实现基因创新与新工业流程的协同效应。然后让这些创新应用于加工业，完善小麦产业链。

利马格兰小麦研究的首要目标是高产，这意味着必须改良农艺性状，包括通过遗传改良来应对生物胁迫（抗病虫害，重点是降低真菌毒素）与非生物胁迫（耐干旱和耐寒等）。第二个目标是品质改良。此外，营养与健康也是创新的主要主题。例如，利马格兰参与了高直链淀粉小麦的开发，这种小麦能预防胆固醇与糖尿病。

②蔬菜种子产品：蔬菜种子产品主要包括番茄、甜瓜、辣椒、胡萝卜、菜豆、花椰菜、洋葱、西葫芦、西瓜、莴苣、黄瓜等。利马格兰有 4 个业务单元从事大田种子的经营，包括 HM- 科劳斯种业有限公司（HM.CLAUSE）、海泽拉 - 尼克森种业有限公司（Hazera）、威马种业有限公司（Vilmorin）和米可多种业有限公司（Mikado Kyowa Seed），共有 3 148 名雇员，所经营的蔬菜种子在全球位列第二。

番茄是利马格兰的一个战略作物。1975 年利马格兰收购了威马公司，之后又接着在世界范围内并购具备植物育种能力的优秀公司，从而不断加强其在蔬菜种子市场中的地位。在集团所售农作物品种目录中，番茄具备重要地位。目前，利马格兰是世界第二大番茄育种公司，占全球市场份额的 20%，在全球范围内销售近 500 个品种。

在番茄研发领域，利马格兰正在同世界上最优秀的研究团队开展全方位的国际合作，包括法国国家农业研究院阿维尼翁分院、以色列耶路撒冷大学、荷兰瓦赫宁根大学及研究中心以及美国的若干大学。集团通过与 Keygene（一家专门进行蔬菜作物与大田作物生物技术研发的荷兰公司）的合作来开发分子标记与育种工具。2003 年，启动了番茄基因组测序工作（国际 EU-SOL 项目的组成部分），直到 2009 年发布相关信息，随后开创了研究的新局面（表 1-26）。

表 1-26 利马格兰的几个重要品种

品种名称	品种介绍	品种优点
LG corn 32.58（2004）	该品种用于动物饲料，销售商标为 LG，来自两个专利品种的杂交	产量高、早熟、抗倒伏
ALLEZ-Y wheat（2011）	该品种用于面粉烘焙行业，销售商标为 LG	高产、耐寒，抗麦红吸浆虫、高蛋白质含量
ODYSSEY barley（2012）	该品种用于啤酒和威士忌酒生产，销售商标为 LG	高产、抗大麦叶枯病和白粉病，低蛋白质含量、适于酿酒
LG sunflower 54.85（2012）	该品种为亚麻油酸品种，用于生产调味油，销售商标为 LG	超高产、开花期早，抗列当季生，耐涝

（6）利马格兰的市场销售状况。从 2013 年 7 月 1 日至 2014 年 6 月 30 日，利马格兰的销售额达到 20 亿欧元。表 1-27 给出了利马格兰 2012/2013 财年和 2013/2014 财年的销售额和收入情况。

表 1-27 利马格兰的销售额和收入情况

	2012/2013 财年	2013/2014 财年	同比增加 / 减少
销售额（亿欧元）	19.39	19.69	+1.5%
营业收入（万欧元）	1.75	1.71	-2.3%
合并净利（万欧元）	1.09	0.97	-12.4%

利马格兰在法国的销售额占总销售额的 31%，在法国之外的销售额达到 69%。在各大洲的销售额分布中，利马格兰在欧洲销售额占 64%，在美洲占 23%，在亚太地区占 7%，在非洲和中东地区占 6%。各业务块的销售额及占比列于表 1-28 中。

表 1-28 利马格兰 2013/2014 财年各业务块的销售额及比重

业务模块	销售额（亿欧元）	比重	同比增加 / 减少
大田种子	8.5	43%	+2%

（续表）

业务模块	销售额（亿欧元）	比重	同比增加 / 减少
蔬菜种子	5.63	29%	+7%
园艺产品	0.8	4%	−1%
烘焙产品	3.03	15%	+4%
谷物添加剂	0.84	4%	−10%
合作 (Limagrain Coop)	0.89	5%	+4%

（7）利马格兰在中国的发展。1993年利马格兰集团开始进驻中国市场，于1997年在中国正式成立公司，并陆续建立多个研究站和研发公司、服务公司。通过持续性的研发活动，利马格兰（中国）在小麦、玉米与蔬菜种子等领域向中国市场带来了许多卓有成效的改良。利马格兰（中国）培育出了一系列适合中国不同地区种植的不同品种。例如，利合16是利马格兰在中国的首个早熟杂交品种，完全在中国选育，并于2007年获得了国家级审定。利合16具备极早熟、高产、高抗病性等特点，是中国玉米生产的一个真正创新。它适合在中国东北地区、内蒙古以及其他的高海拔地区种植。以下为在中国的发展历程。

① 1997年：在北京成立代表处。

② 2002年：成立山西利马格兰特种谷物研发有限公司。

③ 2002年：成立山西小麦研究站以及河北玉米研究站。

④ 2005年：成立山东与甘肃蔬菜研究站。

⑤ 2006年：成立山西利马格兰北京办公点。

⑥ 2006年：成立山西与吉林玉米研究站。

⑦ 2007年：成立威迈香港有限公司VHK。

⑧ 2009年：成立欧利马（北京）农业技术服务有限公司（蔬菜业务，研发）。

⑨ 2009年：成立欧利马（北京）商业顾问有限公司（咨询业务）。

⑩ 2011年：正式成立山西利马格兰北京玉米研究办公点。

⑪2012年：成立河南玉米与小麦研究站。

4. 陶氏益农

（1）公司简介。陶氏益农是一家全球化的农业科技发展公司，是陶氏化学的全资子公司，前身是成立于1989年由陶氏化学旗下的农化业务与美国礼来公司成立的合资公司 DowElanco。1997 年，陶氏化学全面收购了 DowElanco 并更名为 Dow AgroSciences（陶氏益农）。陶氏益农的业务遍布全球，产品的销售涉及 130 多个国家和地区，并仍在全球范围内不断地扩展研发和生产的领域。2013 年，陶氏益农在全球的销售收入达到 71 亿美元，雇员总数超过 8 000 人。2014 年，陶氏益农销售收入达到 72.9 亿美元，占陶氏公司总收入 581.7 亿美元的 12.5%。其中种子销售收入占陶氏益农收入的 22%。

陶氏益农在全球的研发和生产设施遍布全球（图 1–5），其中，在北美有 36 个研发设施和 24 个生产设施，在欧洲、中东和非洲地区有 13 个研发设施和 7 个生产设施，在亚太有 3 个研发设施和 5 个生产设施，在拉美有 10 个研发设施和 20 个生产设施。由图 1–5 可见，陶氏益农的研发设施重点布局在北美和欧洲等发达地区，而亚太地区和非洲、中东地区主要布局的是生产设施。

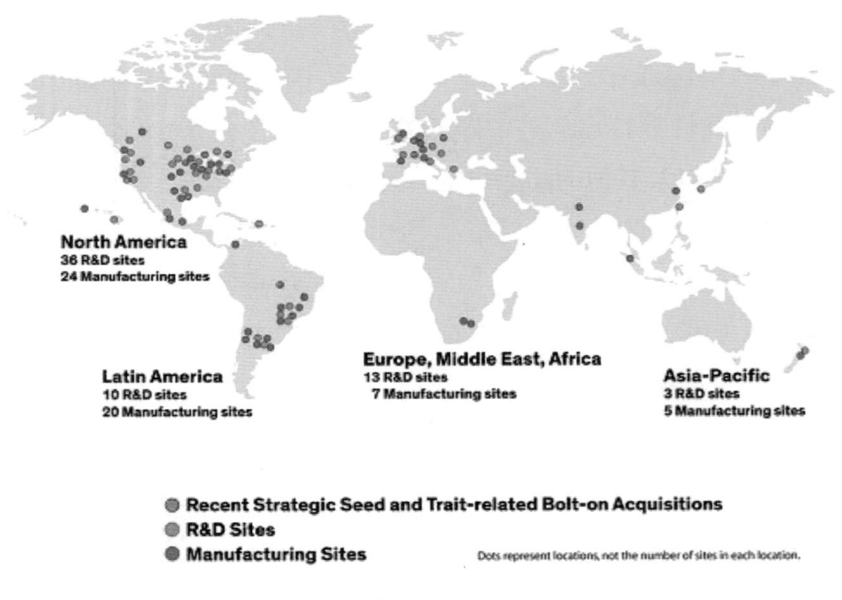

图 1–5 陶氏益农在全球的研发和生产地点

陶氏益农通过研发新型产品和技术、利用领导品牌成功分割市场、面向市场开拓多样化的渠道、成本竞争（cost competitive positions）、战略性补强型并购及商业和研发合作等途径不断获得增长。

陶氏益农于 20 世纪 70 年代进入中国，并在北京成立代表处。目前，陶氏益农在中国的业务中心位于上海，并在北京和台北设有分公司。除此之外陶氏益农在江苏省南通市和台湾省屏东分别建有工厂和试验站。员工人数近 150 人。陶氏益农在中国生产的产品主要是农药、除草剂、城市卫生用药等。

（2）研发业务。陶氏益农的研发工作一直都关注新一代突破性农业科技的发展。在对植物保护产品开发不间断投资的同时，陶氏益农也密切关注植物基因和生物技术等前沿科技的发展以及如健康油等新型业务平台。通过在研究，销售，资金方面的不断投入以及与众不同的技术，建立长期的竞争力以满足全球客户的需求。

陶氏益农研发总部位于美国印第安纳州的印第安纳波利斯，有超过 1 800 名研究人员工作在全球 40 多个国家和地区，并与其他研究机构，如大学，政府资助的研究所以及私人企业等有合作研发关系。

①近期研发创新：通过育种和农业生物技术研发，陶氏益农在杀虫剂抗性、除草剂耐性、油料品质、食物品质、耐旱性及氮利用率等性状的研发上保持了行业领先水平。最近的研发创新包括如下几方面。

- 研发的 Nexera® 菜籽油和葵花籽油品种可提供富含 Omega-9 的菜籽油和葵花籽油，具有良好烹饪性能，不影响食物口味，大幅减少了北美人群的饱和脂肪及反式脂肪摄入，广泛用于餐饮业和食品加工业。
- 利用 SmartStax® 抗虫杂交种最大限度地提高种植者的产量潜力。SmartStax® 抗虫杂交种在美国玉米带可将庇护种需求数量从 20% 减少到 5%，在棉花种植区可将庇护种数量需求从 50% 减少到 20%。SmartStax® 抗虫性状技术是与孟山都合作研发的成果，应用了多种作用模式，具有广谱抗虫性能，包括自有知识产权的根虫防护技术。
- 由 SmartStax® 技术驱动研发了高级庇护技术 Refuge Advanced®。该技术方便实用，是一袋式解决方案，由于庇护种也在种袋中，所以，不再需要另外的庇护种种袋。
- 研发的 POWERCORE ™技术可高效防护玉米害虫。该技术具有 5 个基因性状叠加技术，利用多基因的多种作用模式，具有广谱地上害虫抗性和杂草控制性能，目标市场针对拉美地区。经过约 8 年的研发期，该产品于 2012 年上市。根据农场的技术管理水平和气象条件的变化，该产品还可以使玉米产量提高 5%~10%。

- 研发的 Enlist ™杂草控制系统可以使种植者比以往更好地控制杂草。Enlist ™杂草控制系统技术可耐新型 2,4-D 和草甘膦除草剂，可应用于农达 Roundup Ready® 系统。该技术由 Enlist 性状、具有 Colex-D ™技术的 Enlist Duo ™除草剂和 Enlist 管理资源组成。
- 研发的 EXZACT ™ 精准技术是一种前沿、多用途、灵活稳定的植物基因组修饰工具，通过设计与利用锌指核酸酶，可针对植物特定的基因组进行修饰，实现目标 DNA 片段快速精确的增加、删除或编辑。EXZACT ™ 精准技术可以加速产品开发，减少成本，有利于快速引入遗传性状，高效且精准地培育目标作物性状。目前，该技术已经培育出具有特殊性状的玉米和油菜。

②研发线：陶氏益农 2015 年种子与性状研发线，如图 1-6 所示。

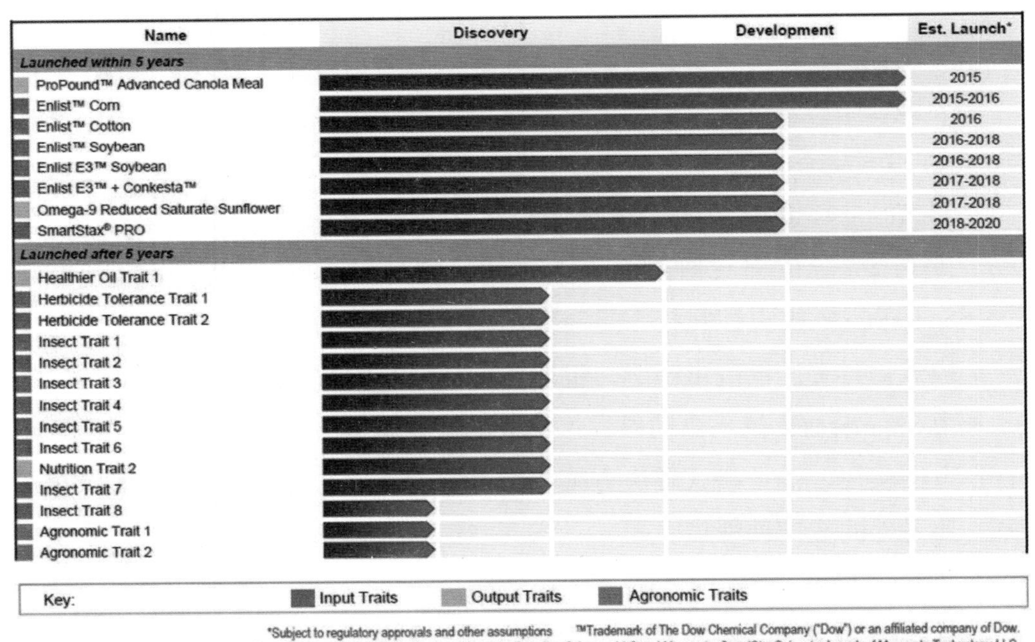

图 1-6　陶氏益农 2015 年种子与性状研发线

③主要研发合作：近几年陶氏益农积极开展研发合作。2012 年，陶氏益

农与德国弗朗霍夫研究院分子生态学研究所（Fraunhofer IME）签订研究合作协议，开展多个研究项目利用先进的生物技术改良作物；与普渡大学合作建立种子质量控制实验室；与皇家 Barenbrug 集团宣布战略合作共同开发及商业化牧草种质；与澳大利亚植物功能基因组学中心合作进行作物改良研发、开发利用新性状。

2013 年，陶氏益农与孟山都达成开发新一代玉米杂草与害虫防治技术专利互换协议；与加拿大萨斯喀彻温大学作物开发中心就小麦育种进行合作；与 Evotec 就 Cellular Target Profiling 技术进行了合作。与英国合成生物学公司 Synpromics 合作，利用其合成启动子专利技术开发改良作物；与澳大利亚维多利亚初级产业部与 Sangamo 生物科学公司共同合作完成了针对油菜和小麦改良的 EXZACT ™精准技术平台的开发。

2014 年，陶氏益农与澳大利亚维多利亚州环境和基础产业部门的维多利亚农业服务公司合作，开发利用 EXZACT ™精准基因组编辑技术平台的高产油菜新品种。

2015 年，陶氏益农宣布和中国农科院合作研发水稻基因组编辑技术，授权中国农业科学院作物科学研究所使用与 Sangamo 生物科学公司合作开发的 EXZACT ™精准技术平台。

④近期主要业务扩张并购：陶氏益农通过发展现有业务和实施针对性的并购进一步开拓市场渠道，实现转型。除了现有的子公司——Mycogen Seeds 外，2008 年，陶氏益农连续收购了四大美国种子公司，进一步丰富了公司的产品系列。包括收购 Triumph Seed，促进向日葵业务发展；收购 Dairyland Seed 研究公司与 Bio- Plant 研究公司，加大育种项目投资力度；收购 Renze Hybrids，巩固玉米和大豆业务；收购 rodbeck Seeds，扩大陶氏在美国东部玉米带的种子业务。

2014 年，陶氏益农宣布收购美国爱荷华州 Story 市的 Sansgaard Seed Farms 公司的部分资产，包括 Prairie Brand Seed 品牌、市场资产及设备等；全资收购了澳大利亚 Advantage Wheats 公司。2015 年，陶氏益农完成了对巴西育种公司 Coodetec 种子业务的收购，收购将扩大公司的玉米和大豆种质业务，增强公司在美洲的育种和生产能力。

（3）产品与服务。陶氏益农的种子产品覆盖多种作物品种，包括油菜子、谷类、玉米、棉花、牧草、大豆、葵花籽等。

主要的知名品牌包括：AGROMEN ™；BRODBECK ™；DAIRYLAND SEED ™；Grand Valley Hybrids; HYLAND ™；MYCOGEN ™；NEXERA ™；Omega-9 Healthier Oils; PFISTER ™；PHYTOGEN ™；POWERCORE ™ Insect Trait Technology（与孟山都合作）；PRAIRIE BRAND SEEDS ™；REFUGE ADVANCED®powered by SmartStax®（与孟山都合作）；SmartStax® Insect Trait Technology（与孟山都合作）；TRIUMPH ™等。

Enlist ™转基因作物系列是陶氏益农近期关注的重点产品。公司的种子及性状业务在未来5年的扩张将主要得益于其耐除草剂的Enlist ™作物体系的推出。开发转基因作物不仅是抢占作物种植源头——种子市场的一种手段，同时，也是这些农药公司促进公司农药产品销售很好的方式，对于陶氏的Enlist ™体系来说亦是如此。早在2010年前，陶氏益农就已经在积极登记可以用于Enlist ™作物上的相关农药产品。2011年，公司的除草剂2,4-D胆碱获得了美国的登记批准，并于同年年底成功进行工业化生产。含有2,4-D胆碱和草甘膦2种有效成分的除草剂混剂Enlist Duo ™则于2013年和2014年分别获得加拿大和美国的登记批准。目前，公司获得批准的Enlist ™作物还仅限于玉米和大豆品种，Enlist ™玉米（耐2,4-D）已从2011年开始分别获得澳大利亚、加拿大、美国等10国或地区的批准，Enlist ™大豆（耐2,4-D和草铵膦）也于2011年开始，获得了包括美国、加拿大在内的8个国家或地区的批准。此外，公司还在积极推进Enlist ™棉花的批准。陶氏益农和MS Technologies合作开发的转基因大豆Enlist E3 ™（耐2,4-D、草甘膦和草铵膦）在2013年获得加拿大的批准。

5. 先正达

先正达（Syngenta）是全球领先的农业科技公司，成立于2000年11月13日，由阿斯特拉捷利康的农化业务捷利康农化公司与诺华的作物保护和种子业务合并组建而成，总部设在瑞士巴塞尔。该公司业务遍及全球90个国家和地区，拥有约21 000名员工，其在高价值商业种子领域名列第三。

（1）种子销售情况（表1-29至表1-31）。

表 1-29　2012—2014 年先正达种子销售额及其他销售额（单位：10 亿美元）

销售额	2012	2013	2014
总销售额	14.20	14.69	15.13
作物保护产品销售额	10.32	10.92	11.38
种子销售额	3.24	3.20	3.16
玉米和大豆	1.836	1.654	1.665
多样田间作物（包括向日葵、甜菜、水稻等）	0.719	0.842	0.827
蔬菜（包括甜玉米、甜瓜、番茄、豌豆等）	0.682	0.708	0.663

表 1-30　2014 年先正达各类作物种子销售额（单位：10 亿美元）

作物种类	2014
谷类作物（大麦、小麦）	1.62
玉米	11.4
向日葵、油菜和甜菜	6.44
水稻	0.16
大豆	5.25
特色作物（包括马铃薯、棉花、水果和香蕉等种植园作物等）	0.05
蔬菜	6.63
总计	3.155

表 2-31　2013—2014 年先正达种子地区销售额（单位：100 万美元）

销售区域	2014	2013
欧洲、非洲和中东	1 274	1 232
北美	1 044	1 140
拉丁美洲	522	521
亚太地区	315	311
总计	3 155	3 204

（2）研发情况。

①研发中心和研发人员：先正达在全球有180个研发点，共有研发人员5 000多名。主要的研发中心及其研发人员数量及核心能力，见表1–32。

表1–32 先正达全球主要研发中心概况

序号	中心位置	所在国家	研发人员数量（人）	核心能力
1	Beijing Research Center	中国	85	生物技术
2	Enkhuizen	荷兰	143	蔬菜和花卉育种
3	Gilroy	美国	206	花卉育种
4	Greensboro	美国	66	配方、产品安全、环境科学
5	Jealott’s Hill	英国	485	化学、生物科学（除草剂、杀真菌剂、杀虫剂）
6	Landskrona	瑞典	97	甜菜育种
7	Research Triangle Park（RTP）	美国	338	生物技术
8	Saint–Sauveur	法国	111	分子标记实验室、蔬菜与多种大田作物育种
9	Stein	瑞士	317	化学、生物科学（杀真菌剂、杀虫剂、草坪和花园的控制、增强作物）、种子护理、现场试用
10	Syngenta Research and Technology（R&T）Center, Goa	印度	85	化学
11	Uberlândia	巴西	74	玉米和大豆育种

②研发投资：见表1–33。

表1–33 2012—2014年先正达研发投资（单位：10亿美元）

年份	2012	2013	2014
研发投资 *	1.43	1.38	1.26

注：* 包括种子、种子处理剂和作物保护产品

③研发领域及进展：先正达种子研发的目标性状及研发进展和成果：

- 杂草控制。正在开发抗除草剂作物，如抗HPPD（hydroxyphenylpyruvate dioxygenase）抑制剂类除草剂大豆。
- 真菌病害控制。已开发出新的抗锈病大豆品种，并且在结合作物保护技

术（PRIORI XTRA®）和专家建议等为种植者提供综合解决方案。

- 昆虫控制。先正达是利用遗传改良技术开发抗咀嚼昆虫性状的领导者。例如，其利用在变质牛奶中发现的一种具有杀虫特性的细菌，开发出了一个新的杀虫蛋白家族，称作 Vip（Vegetative Insecticidal Proteins），然后通过 GM 技术将其导入植物，开发出了可以产 Vip 蛋白的 AGRISURE VIPTERAti 玉米品种。该项突破获得了 2010 Agrow Award for Biotechnology Innovation of the Year。此外，还将开发抗玉米根虫性状。
- 线虫控制。已经利用先进的育种技术培育出了转抗线虫基因的改良大豆种子。先正达超过 50% 的大豆种子组合都含有某种形式的抗线虫性。
- 非生物胁迫耐受性（环境胁迫耐受性）。已经启动了 AGRISURE ARTESIAN ™ 本地性状技术，旨在提高耐旱性。在未来几年先正达还计划开发新的 GM 性状。
- 品质改良。通过研究消费者的口味来开发更具吸引人的风味和外观的蔬菜，对于主粮作物主要来提高营养价值、延长保质期或提高均匀性，以易于加工。例如，利用杂交技术开发了一系列甜玉米品种，口味甜且保质期长；开发的 DUNNE® 番茄具有多种优质性状，包括味道甜美芳香、颜色鲜红、质地多汁及形状独特；另一项突破是开发出了高产高油酸向日葵；ANGELLO 质性无籽甜椒在 2012 年水果蔬菜国际新鲜农产品交易会上获得了创新奖。

④未来种子创新投资组合和研发管道重点：除了图 1-7 中的内容，先正达还有以下几个研发管道即将启动。

- 抗生物、非生物胁迫杂交小麦，2020+ 年启动，将继续开发杂交小麦和杂交大麦。
- 第二代 AGRISURE ARTESIAN® 杂交玉米（水利用优化本地性状），2019 年启动。
- 大豆。抗胁迫遗传学，2016 年启动。
- 下一代性状。多重除草剂抗性，2018 年启动。
- 蔬菜非生物、生物及产出性状。本地抗虫性，2016+ 启动。
- 扩大辣椒和番茄新兴市场种子组合（seedsportfolio），2017+ 启动。

Innovation in Seeds

Current portfolio highlights
AGRISURE ARTESIAN®: native drought-tolerant trait
DURACADE™ trait: best-in-class corn rootworm control
HYVIDO®: hybrid barley seeds
Sugar cane nursery solutions: PLENE® EVOLVE™, PLENE® PB

Pipeline highlights	Year of launch
Native traits for biotic and abiotic stress	2015+
New PLENE®	2017
Next generation soybean trait: multiple herbicide tolerance	2018
New hybrid technologies: rice 2-line, wheat	2018+

图 1-7　先正达当前投资组合重点、研发管道重点及其启动年

此外，2014 年已启动了一个抗细菌性叶疫病杂交水稻培育项目。并为芸薹属植物、辣椒、番茄和莴苣引入了新的改良性状，在拉美引入了第一代本地性状来应对锈病，并改良 INTACTARR2 PRO®，增强抗蠕虫性。而向日葵、油菜和甜菜当前的投资组合重点是高质量杂种 NK®, SYNGENTA®、SPS®、MARIBO®, HILLESHÖG®。

⑤育种技术：先正达的领先技术涉及多个领域，包括基因组、生物信息、作物转化、合成化学、分子毒理学以及环境科学、高通量筛选、标记辅助育种和先进的制剂加工技术。此外，为实现研发目标，加强生物胁迫管理，提高非生物胁迫控制能力，先正达同时也拥有供选择的新技术，尤其是 RNA 干扰和计算生物学。

- 小麦。主要采用了分子标记育种和双单倍体技术（marker-assisted breeding and double-haploid technology）。此外，2010 年与国际玉米与小麦改良中心

（the International Maize and Wheat Improvement Center，CIMMYT）合作，联合培育杂交小麦品种。

- 玉米。将丰富的种质资源与先进的育种技术和当地的育种计划相结合。具有代表性的是培育出了水利用率优化了的本地杂交玉米 AGRISURE ARTESIAN®。
- 油料作物。先正达已投资向日葵 10 多年，通过导入优良遗传种质来提供适合当地条件的，耐胁迫和高产杂交品种，另外，还定期发布具有特定本地性状的品种，包括除草剂耐受性、高油酸成分和抗病性。
- 甜菜。主要利用转基因技术培育转基因品种，2008 年成功开发抗草甘膦转基因甜菜，并开始在美国种植（2008 年其在美国的甜菜市场价值翻了一番，2010 年该转基因品种市场占有 95%）。
- 水稻。主要利用杂交技术培育短期和中期成熟及节水杂交水稻品种。
- 大豆。开发了一个跨区域平台，引入例如分子标记辅助育种，可以将开发时间减少两年。超过 80% 的大豆品种引入了孢囊线虫抗性，未来将关注开发具有内在遗传防御锈病的新品种。

（3）种子产品。先正达采用现代育种技术研发出了优质的种子，包括玉米、多种大田作物如向日葵、油菜以及丰富的蔬菜和花卉。全球大田作物（field crop）种子市场价值约为 100 亿 ~120 亿美元，根据销售额，先正达在种子市场排名第三。

①大田作物：先正达的大田作物业务包括大多数主要作物：玉米、大豆、甜菜、向日葵、冬油菜。这些种子专门为特定地理区域研制，高产且可靠。还包括抗虫或抗除草剂的遗传改良种子。先正达有许多领先品牌，如玉米品牌 NK® 和 GOLDEN HARVEST®，油菜子品牌 NK®，甜菜及几种谷类作物品牌 HILLESHÖG®（表 1–34）。

表 1–34　先正达主要大田作物品牌

商标	描述	市场地位
Hyvido	HYVIDO 田是杂交冬大麦种子品种的总品牌（umbrella brand）	HYVIDOl 杂交种子技术提供出色的产量。
NK	全球大田作物品牌	NK® 是全球大田作物种子领导者，在玉米和油菜子排名第三
GoldenHarvest Corn	在北美的玉米品牌	市场上最具创新性的玉米
HILLESHÖG	全球甜菜种子	HILLESHÖG® 是全球领先的甜菜种子生产者
AgriPro COKER	NAFTA 地区谷类作物种子	针对北美、欧洲和澳大利亚市场的高质小麦、大麦品种
C.C. BENOIST	法国谷类作物种子	
syngenta	英国谷类作物种子	

HYVIDO® 高性能杂交大麦：具有较好的生根性和抗胁迫性。2014 年销售额为 6 500 万美元，较 2013 年增加了 70%。

在商标 NK®、SPS® 和 SYNGENTA® 之下发布了 50 多个抗除草剂 / 抗虫优良大豆品种。培育出了抗大豆猝死综合征（Sudden Death Syndrome，SDS）的大豆品种。

此外，还有一些其他品牌种子在市场中表现良好。

- AGRISURE VIPTERA® 玉米。该玉米 2011 年上市，是先正达第一个独特的具有自主知识产权的性状，对鳞翅目昆虫具有很强的广谱抗性。2014 年其在美国玉米种子销售中约占 30%；在巴西约占一半，在那里在应对虫害方面取得了巨大成功。
- DURACADE® 抗根虫玉米。该玉米是新获得知识产权的一个品种，于 2014 年首次在美国种植。
- AGRISURE ARTESIAN® 杂交玉米（第一代杂种命名为 HYDRO）。该玉米水利用率高，是一个优化了的本地性状。

- ENOGEN® 玉米。表达 α 淀粉酶，2011 年种植面积为 30 350 亩，2014 年达到了 6.07 万亩。

②蔬菜：先正达目前是全球第二大蔬菜种子公司。其全球蔬菜业务在两个区域品牌 S&G® 和 ROGERS® 下运作，蔬菜种子组合包括番茄、辣椒（pepper）、甜玉米（sweet corn）、西瓜、甜瓜（melon）、甘蓝（卷心菜，花椰菜等）[brassica (cabbage, cauliflower, etc.)]、黄瓜及沙拉蔬菜（salad vegetables）。

抗草甘膦油菜品种 SY4157 和 SY4114：具有优良的农业性状和抗病性，2014 年先正达的首批抗草甘膦油菜品种开始在加拿大种植。

特色作物覆盖 40 多种在全球种植的高值作物，其中，4 种占总销售额的 80%，分别是马铃薯、棉花、水果和香蕉等种植园作物（plantation crops）。

（4）创新策略。

①服务策略：先正达以种植者为中心，利用技术的广度，包括作物保护、种子、性状和种子处理，在行业中形成独特的优势，为种植者提供综合服务和广泛创新（图 1–8），具体内容见图 1–9。

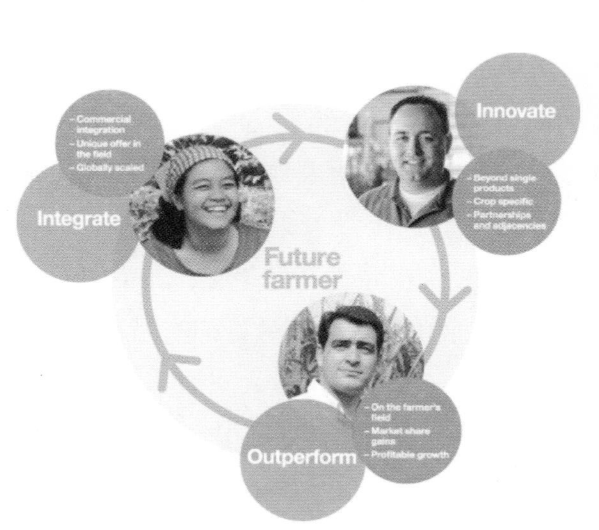

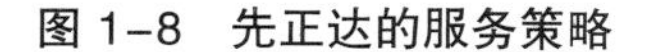
图 1–8　先正达的服务策略

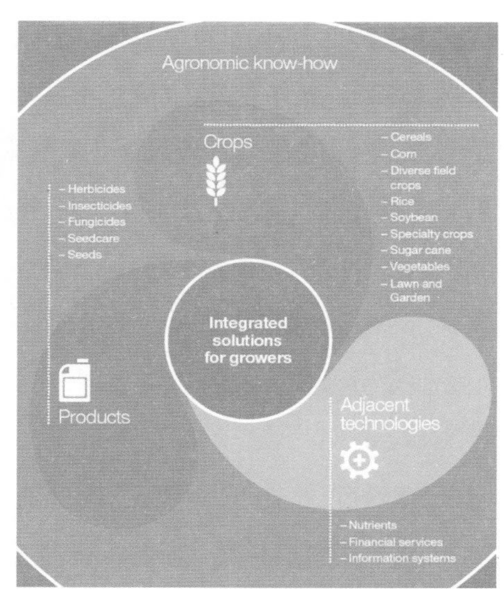

图 1–9　先正达的具体服务内容

②扩张策略：除了自身开展创新研究外，先正达还通过并购、合作等举措来拓展研发领域、提高研发竞争力。以下是先正达并购或合作的一些案例。

2008 年，先正达并购了 SPB，扩大了其在全球向日葵领域的领导地位，

2010年年底并购了孟山都的全球向日葵业务，加强了对现有种质资源的补充，目前，先正达运营着一个全球向日葵育种站网络。

2010年，先正达通过并购Maribo® brand（在35个国家销售）及种子生产和销售活动，巩固了在欧洲的甜菜业务。

2014年，先正达通过收购瑞典食品、能源和农业集团公司Lantemännen在德国的冬小麦业务，进一步扩大了小麦的种质基础。此外，为了补充硬粒小麦材料，同年还收购了一家意大利老牌种子公司Societ小麦业务，进一步扩大了小麦的种质基础。此外（PSB），PSB在硬质小麦的培育和加工（意大利面）领域处于行业领先地位。与此同时，为了确保获得高品质的大麦，与全球领先的酿酒制造商百威英博（Anheuser-Busch InBev，AB InBev）签署了合作协议。目前，先正达已是全球普通小麦、啤酒大麦和杂交大麦的主要供应商。

2014年，先正达收购瑞典Lantemännen公司的波兰冬油菜育种业务，获得了高品质种质、种子管道和商业品种。随着冬油菜种子市场移向杂种，先正达的育种计划和基因库得到了加强。

2013年7月，先正达公司与英国洛桑研究所签署了一项超过500万英镑的科学研究合作框架协议，旨在面向洛桑20：20小麦战略计划，共同提高小麦产量，促进小麦研究、技术转移和商业化。未来还将整合一系列技术和方法，在作物遗传改良、作物保护策略、株型、土壤根际互作和病害防控等领域开展合作。

（5）在中国的发展。先正达在华相关总投资已超过3亿美元，在中国设有5家独资企业，一家合资企业，一家合作企业和多家办事处，拥有员工2 000余人。

2008年，先正达正式开始在临时地点——北京中关村生命科学园运行先正达生物技术（中国）有限公司[Syngenta（China）Biotechnology Co. Ltd，SBC]。SBC是先正达在国外投资的第一个生物技术研究机构，在第一个5年投资了1亿美元，目前员工人数已增至70多人。SBC专门开展主要作物（如玉米和大豆）农艺性状的早期研究，重点关注增产、水分利用、疾病控制和用于生物燃料生产的生物质转化等。2009年中旬，先正达（美国）在SBC所在地举行奠基仪式，准备建设永久性研究设施（预计于2010年完成竣工），以扩大先正达在中国的研发中心，加速科学发现和生物技术创新。

四、国际种业发展的主要特点

跨国企业的举措和发展动向，成为国际种业发展的风向标，通过对发达国家种业规划的分析和对跨国企业种业发展特点的分析，可以发现国际种业发展呈现的特点和发展趋势。

（一）采用商业化育种模式，种业研发与市场联系密切

商业化育种是指以企业为主体，以市场需求为导向，现代生物技术与传统常规育种技术有机结合，采用规模化、分段式、高通量、流水线运作的种业技术创新组织模式。商业化育种模式能够充分发挥市场在种业资源配置中的决定性作用，突出以产业为导向的技术创新发展思路，强化企业技术创新主体地位，促进科技与经济紧密结合。发达国家早在20世纪70年代就进入了商业化育种时代，技术创新和产权保护促进了种业商业化发展，催生了一批种业巨头，实现了种业的飞速发展。

商业化育种体系包括育种目标决策、种质资源利用、育种技术研发、生物信息处理、田间测试评价和生产与市场反馈等6个部分。

（1）育种目标决策系统是商业化的中枢，决定研发理念和发展方向，对其主要研发产品、实现途径和技术路线等进行顶层设计。

（2）种质资源利用系统是商业化育种材料的基础，决定商业化育种品种的遗传背景，对具有遗传多样性的种质材料进行精确鉴评和分类管理，为育种研发提供带有目标性状、特质基因等优异种质材料。

（3）育种技术研发系统通常由常规育种、分子标记辅助育种、基因专利技术研发三部分组成，是商业化育种体系的核心模块，技术含量最高。它以常规育种技术为主线，分子辅助育种可替代部分田间试验，大幅增加育种试验规模，显著提高育种效率，基因研发为常规育种定向提供目标基因性状、专利技术产品。

（4）生物信息处理系统是商业化育种遗传信息的管理平台。通过智能化信息技术，能够高效分析和处理海量的生物遗传信息，并在全体系实施共享，可

大幅度提高对大量中间材料的鉴别、筛选和分类管理能力。

（5）田间测试评价系统是商业化育种中试产品的评估依据。在多个地点不同气候、土壤等生态类型条件下，对商业化育种中试产品进行田间小区种植，测试选育品种的综合表现，评估其商业化推广的价值。

（6）生产与市场反馈系统是商业化育种体系的反馈调控机制。针对特定推广区域生产和市场需求，对育种目标、技术路线、研发产品特性等进行改进优化，使其更好适合目标区域生产和市场以及商业化推广的要求。

（二）产业价值和行业集中度并行攀升，并购成为各企业发展育种科技的重要战略举措

根据国际种子联盟（ISF）及行业咨询公司数据显示，全球种子市场价值持续增长，从1975年的120亿美元增加到2014年的538亿美元，市场规模在40年内扩大了约3.5倍。同时，全球种业行业集中度进一步提高。1985年，十强种子公司占全球种业市场份额的13.3%，2014年提高到57%，其中，孟山都、杜邦先锋和先正达三大种业巨头共占41%

纵观跨国企业的发展历程，无一例外地均采取了大量收购科技公司的方式迅速拓展研发领域和种子业务，并都因此提高了其在行业内的竞争力。20世纪80年代以后，伴随育种行业利润率的提高，跨国性的化学、生物技术公司开始进入种业，对种业实行纵向整合。孟山都公司在其发展中曾兼并过大量农业生物技术公司和种子营销公司，其中，1996—1998年集中并购了多家农业生物技术企业，具体包括：1996年收购Agracetus公司植物生物技术资产；1996—1997年完成对生物研究公司Calgene的并购；1997年购进Cetus生物公司，并在此基础上建立了世界上最大的转基因大豆实验室同年收购Asgrow的经济类作物种子业务；1998年完成对迪卡（DeKalb）生物科技公司的收购；2005年孟山都购进Emergent和Seminis公司，其中，Seminis公司是当时规模最大的水果蔬菜种子公司；2008—2011年孟山都又相继购进了荷兰DeRuiter公司等多家公司。先正达2008年以来通过并购扩大了向日葵、小麦、大麦、油菜的种质资源，奠定了其在向日葵领域的领导地位。陶氏益农通过连续收购4家美国种子公司，巩固和发展了向日葵、玉米、大豆等业务。杜邦公司于

1997 年和 1999 年两次以总额 77 亿美元收购了当时最大的种子公司先锋公司，成为世界第一大玉米种子生产商。

近年来，受宏观经济、产能过剩和油价下跌等多重因素影响，农产品市场处于低价运行周期，种子公司的盈利预期受到严重影响。在此行业发展背景下，全球农化种子企业再掀兼并重组浪潮，试图通过抱团取暖来抵御市场“寒冬”。2015 年 12 月，杜邦和陶氏益农正式宣布合并，合并后的公司市值高达 1 300 亿美元，并拆分为 3 家独立的上市公司，分别专注于农业、特种产品和材料。2016 年 2 月，中国化工集团以超过 430 亿美元的价格收购先正达，目前该收购案已获得美国外资监管机构—外国投资委员会（CFIUS）的批准。2016 年 7 月，拜耳对孟山都提出总报价为 640 亿美元的收购邀约，收购将需要 15 个月来完成，期间需要得到世界各监管机构的批准。通过合并，两者将扩大规模，同时，得到更多研发资金，继续保持育种优势。

从发展趋势看，随着种子技术附加值的增加，全球种子市场价值将持续增长，预计到 2020 年全球种业市场价值将达到 920.3 亿美元。为整合资源和提高竞争力，种业重组和兼并活动将愈演愈烈，种子行业发展将进一步集中。

（三）种业全球化特征显著，各大跨国企业积极在全球建设研发中心

由于农业生产的地域性，为打开全球重要市场，充分利用当地人力及自然资源等，大型企业纷纷在全球建立研发中心。例如，先正达在中国、美国、荷兰、瑞典、法国、巴西等地建有育种研究中心，并根据当地农业生产条件布局了不同的重点研究领域，涉及分子标记、生物技术、蔬菜和花卉育种、甜菜育种、多种大田作物（包括玉米和大豆等）育种等多个研究方向。表 1–35 列举了先正达在全球的主要育种研究中心及其概况。

表 1–35　先正达全球主要育种研发中心及其概况

序号	所在国家	所在地	研发人员数量（人）	核心能力
1	中国	北京研究中心（Beijing Research Center）	85	生物技术
2	荷兰	恩克赫伊森（Enkhuizen）	143	蔬菜和花卉育种
3	美国	加州吉尔罗伊（Gilroy）	206	花卉育种

（续表）

序号	所在国家	所在地	研发人员数量（人）	核心能力
4	瑞典	兰斯克鲁纳（Landskrona）	97	甜菜育种
5	美国	三角研究园（RTP）	338	生物技术
6	法国	圣索弗（Saint-Sauveur）	111	分子标记、蔬菜与多种大田作物育种
7	巴西	乌贝兰迪亚（Uberlândia）	74	玉米和大豆育种

此外，利马格兰在全球也设有许多大田种子研究中心，共计 50 多个，其最大的研究中心是位于法国奥弗涅 Auvergne 的 Chappes 研究中心。该中心拥有超过 1hm^2 的实验室和办公室，2 600m^2 的温室以及近 200 名雇员和博士研究生；陶氏益农亦在全球设有研发设施和生产设施，其中研发设施有 62 个，生产设施有 56 个，遍布北美、欧洲、中东和非洲地区、亚太及拉美。

（四）跨国企业研发投入巨大，核心技术成为种业竞争的焦点和制高点

技术创新对国际种业产生了深刻的影响。杂交、转基因等技术的突破对种业的发展起到重要的推动作用。在以生物技术为代表的现代科技支撑引领下，国际种业呈现高技术、高投入、集约化发展的态势，现代作物育种集中表现出高通量、规模化、工厂化、信息化特征；特色林果花草种业呈现精品化、专业化发展特征。核心技术已成为种业行业竞争的焦点及其企业兼并重组的驱动力之一。

1. 研发投资大

大型跨国企业非常重视育种科技创新，每年都会投入大量资金用于种子开发及相关基础研究。例如，2014 年，孟山都研发资金投入从 2003 年的约 5 亿美元增长到了 17.25 亿美元，占到了公司净销售额的 10.9%，并且其中大部分资金用于新型生物技术性状、优异种质、新品种和基因组研究；先正达 2012—2014 年用于种子、种子处理剂和作物保护产品的研发投入虽逐年有所下降，但每年都保持在了 12.5 亿美元以上；利马格兰研发投入逐年增加，从 2006 年的约 1.1 美元增加到了 2014 年的约 2.2 亿美元。

2. 积极部署开发新的遗传改良技术

近年来随着新技术的不断涌现，跨国企业纷纷部署新技术的研发与应用。孟山都、拜耳和先正达公司利用RNA干扰机制研发RNA喷雾剂技术（BioDirect技术），使产品能够对抗性杂草、害虫或病毒产生可持续控制。由于该技术不需要改变植物基因组或创制转基因植物等方式来控制基因，因此，将开辟一个全新的方式来使用生物技术。CRISPR-Cas技术是继锌指核酸酶（ZFN）和TALENs等技术后的第三代基因组编辑技术，操作简单、效率高、成本低。对于多倍体植物而言，CRISPR技术能够处理一个基因的所有拷贝或同时靶向几十个基因，这种能力可以应用于增强作物抗旱、抗病能力以保护作物健康，提高作物产量，此外，该技术还可以直接为消费者提供便利，如去除食品中的过敏原以及改善植物油的营养成分等。2015年10月8日，杜邦与CRISPR技术开发商Caribou公司达成战略合作，获得了CRISPR技术在主要农作物中的独家知识产权使用权以及利用CRISPR技术研发的玉米和小麦新品系，并预计2020年底将会出售利用CRISPR技术开发的种子。在此之前，法国Cellectis公司、陶氏益农等已尝试利用TALENs技术培育玉米和马铃薯新品种。

3. 作物品种开发多样化

从各企业研发的作物产品看（表1-36），以玉米、大豆品种开发为主，这两种作物的种子销售额也相对最高。孟山都2013年的玉米种子销售额约66亿美元，约占所有种子总销售额的64%；大豆次之，约占16%。杜邦先锋同年的玉米种子销售额在所有种子中也是最高，占比约为48%，其次是大豆，约占14%。利马格兰也把玉米作为战略性作物之一。此外，这些企业的育种研究还涉及其他多种作物，包括棉花、小麦、向日葵、油菜及多种蔬菜。其中，利马格兰和先正达还分别是全球第一、第二大蔬菜种子公司。利马格兰研发的蔬菜作物种类繁多，主要有番茄、甜瓜、辣椒、胡萝卜、菜豆、花椰菜、洋葱、西葫芦、西瓜、莴苣、黄瓜等。先正达的全球蔬菜业务在2个区域品牌S&G®和ROGERS®下运作，构成了包括番茄、辣椒、甜玉米、西瓜、甜瓜、甘蓝（卷心菜，花椰菜等）、黄瓜、豌豆及沙拉蔬菜等在内的蔬菜种子组合。

表 1-36　企业育种研发的主要作物种类

企业	主要作物种类
孟山都	玉米、大豆、棉花、油菜、小麦、高粱、甜菜、甘蔗及多种蔬菜，包括辣椒、番茄、莴苣、甜瓜、花椰菜等
杜邦先锋	玉米、大豆、水稻、油菜
先正达	玉米、大豆、大麦、甜菜、向日葵、油菜、水稻、马铃薯、棉花、香蕉，及多种蔬菜，包括番茄、辣椒、甜玉米、西瓜、甜瓜、甘蓝（卷心菜，花椰菜等）、黄瓜及沙拉蔬菜、豌豆
利马格兰	玉米、小麦、向日葵、油菜及各种蔬菜，包括西红柿、甜瓜、辣椒、胡萝卜、菜豆、花椰菜、洋葱、西葫芦、西瓜、莴苣、黄瓜等
陶氏益农	玉米、大豆、油菜、棉花、向日葵、谷类等

4. 作物目标性状研发全面

各公司开发的作物品种的目标性状基本上都可以概括为高产、稳产、优质和耐除草剂（表 1-37）。稳产主要是通过遗传改良提高植物的耐生物胁迫性（主要是抗病虫害）、提高耐逆性（主要是抗旱、抗寒和耐盐）及提高养分（主要是氮）利用率来实现。在品质改良方面，主要是改良作物的口味、外观及营养成分等，如先正达研发的口味甜且保质期长的甜玉米、表达 α 淀粉酶的玉米和高油酸向日葵；利马格兰培育的高直链淀粉小麦和高蛋白小麦以及陶氏益农开发的富含 Omega-9 的油菜等。在耐除草剂品种开发方面，主要是开发耐草铵膦、麦草畏或草甘膦作物品种。

表 1-37　五大种业公司各作物的育种目标性状

	育种目标性状				
作物	孟山都	杜邦先锋	先正达	利马格兰	陶氏益农
玉米	高产耐逆：高产、抗旱； 抗病：灰色叶斑病、戈斯枯萎病、炭疽茎腐病、茎腐病； 抗虫：玉米根虫及玉米穗蛾、秋夜蛾等地上害虫 耐除草剂：耐草铵磷和麦草畏	高产 耐旱 抗虫	耐逆：水利用率高 抗虫：玉米根虫、抗线虫 品质改良：口味甜且保质期长的甜玉米、表达 α 淀粉酶的玉米	高产 耐逆：耐寒、旱、盐、涝，氮、水利用率高，抗倒伏 抗病虫害 品质改良：消化性与营养值高 早熟	抗虫 耐除草剂

（续表）

作物	育种目标性状				
	孟山都	杜邦先锋	先正达	利马格兰	陶氏益农
大豆	高产 抗虫：抗黏虫、抗包囊线虫 耐除草剂：耐草铵磷和麦草畏 油质改良	高产 品质改良：高油酸	抗虫：抗包囊线虫* 耐除草剂：抗HPPD抑制剂类 抗病：抗锈病、抗大豆猝死综合症	—	抗虫
小麦	耐草铵磷和麦草畏 耐草甘磷	—	抗逆	高产 抗病虫害：抗麦红吸浆虫、降低真菌毒素 耐拟：耐旱、寒 品质改良：高直链淀粉、高蛋白	—
水稻	—	—	抗细菌性叶疫病杂交水稻；短期和中期成熟及节水杂交水稻品种		—
大麦	—	—	杂交冬大麦（具有较好的生根性和抗胁迫性）	高产、抗大麦叶枯病和白粉病，低蛋白质含量、适于酿酒	—
棉花	耐除草剂：抗麦草畏、草甘膦或草铵膦 抗虫：抗草盲蝽	—	—	—	—
蔬菜	抗疫霉病辣椒，抗青枯病、双生病及高粘加工番茄，抗霜霉病莴苣，增白花椰菜等	—	无籽甜椒，味道甜美芳香、颜色鲜红、质地多汁及形状独特的番茄	—	—
油料作物（油菜、向日葵）	耐麦草畏等除草剂油菜	抗根肿病和菌核病油菜；抗杂草列当或白粉病向日葵；高产、半矮杆杂交耐除草剂向日葵	耐除草剂、高产高油酸或抗病向日葵	超高产、开花期早，抗列当季生，耐涝向日葵	富含Omega-9的菜籽和葵花籽
糖料作物（甘蔗、甜菜）	抗虫耐除草剂甘蔗	—	抗草甘膦转基因甜菜	—	—

说明：* 先正达超过50% 的大豆种子组合都含有某种形式的抗线虫性

“——”没有相关研究或信息不详

5. 重视育种技术的集成创新及新技术的开发应用

跨国企业集成采用多种育种技术来实现目标性状的培育，涵盖了以杂交为主的传统育种技术和以转基因、分子标记辅助为主的现代分子育种技术。此外，各企业均搭建了各具特色的技术平台，杜邦先锋公司以独创的高产技术体系AYTTM、玉米未成熟穗光度测定技术、SPT技术（全新的杂交种子生产技术体系）以及分子标记辅助育种等多种核心育种技术搭建了完善的先锋育种技术平台，在育种周期和育种精度上都具有明显的优势（表1–38）。

表1–38 杜邦先锋主要育种技术概况

技术名称	技术概要	供应市场
BOREAS移动风机技术（先锋独创）	应用于AYT™技术体系，以精度测试品种抗倒伏能力	美国、欧洲及全球
单倍体加倍育种技术	应用于AYT™技术体系，以加速玉米自交系培养	北美、南美、亚太地区和非洲
DNA测序技术	用于发现调控农艺性状的重要基因或区域的核苷酸序列	北美及全球
玉米未成熟穗光度测定技术（专利独创技术）	即数字图像分析系统，用于快速测量单穗的产量	全球
高效基因分子重组（专有）	应用于快速开发新基因及有效的基因组合	美国及全球
Southern测序技术	用于高通量鉴定转基因植物中外源基因的DNA序列信息，以开发新的生物技术产品	美国及全球
ENCLASS®技术体系	利用作物模型和历史气象数据估计目标区域气候环境频率，帮助预测产品在不同环境中的表现，为研究人员及用户提供指导	北美、拉丁美洲、印度和欧洲
SPT技术（先锋独创）	将育性恢复基因、花粉失活（败育）基因和标记筛选基因作为紧密连锁的元件导入隐性核雄性不育突变体中，获得核雄性不育突变体的保持材料，用于生产制种	全球
位点特异整合技术	该技术是一种转基因打靶技术，能对同一位点插入的多个候选基因进行直接比较分析	全球
分子标记辅助选择体系	应用于AYT™技术体系，以寻找特定基因的抗性功能（抗虫、抗旱、抗倒伏等）	全球

先正达的领先技术亦涉及多个领域，包括基因组、生物信息、作物转化、合成化学、分子毒理等以及高通量筛选、标记辅助育种和制剂加工技术。此

外，为实现研发目标，加强生物胁迫管理，提高非生物胁迫控制能力，先正达同时也拥有供选择的新技术，如 RNA 干扰和计算生物学。先正达为开发适合当地的品种（表 1-39），还开发了一个跨区域平台，引入了分子标记辅助育种等技术，可以将开发时间减少 2 年。与此同时，先正达在杂交育种领域产出和布局较多，2018 年后将启动研发新的水稻、小麦杂交技术；2019 年准备启动第二代具有水利用率优化的本地杂交玉米；2020 年后将继续开发杂交小麦和杂交大麦。

表 1-39　先正达部分作物产品采用的主要育种技术

作物产品	相应的品种培育技术
小麦	分子标记育种和双单倍体技术
水利用率优化的本地杂交玉米	杂交技术、分子标记辅助技术
耐胁迫、高产、高油酸、抗除草剂向日葵	杂交技术
抗草甘膦甜菜	转基因技术
短中期成熟及节水杂交水稻	杂交技术
抗孢囊线虫大豆	分子标记辅助技术

孟山都在性状叠加技术领域表现突出，开发了多种具有叠加性状的作物产品，在应对虫害方面，开发出了 8 种复合性状叠加的抗地上害虫、地下害虫以及抗除草剂的玉米产品 SmartStax® PRO、第三代抗地上害虫玉米、第二代抗虫大豆、和第三代抗虫棉 Bollgard® Ⅲ。在应对环境胁迫方面，2014 年推出了抗旱性状和抗地上地下多种害虫性状叠加的杂交玉米品种 Genuity® DroughtGard® 杂交品种。在抗除草剂领域，开发出抗除草剂和抗虫两种性状叠加的棉花产品 Bollgard II® XtendFlex™。

第 二 章
基于 SCI 论文的作物育种发展态势分析

本部分采用主题词检索方式在 SCI 数据库检索获得 51483 条作物育种领域的相关文献，对作物育种领域的科学文献进行了基于数量和主题的分析。数据检索范围限定在 2005—2014 年，检索日期为 2015 年 7 月 20 日。

一、发文量及年度变化趋势

作物育种领域发文量自 2005—2014 年呈现稳步上升的趋势，由 2005 年的 2 843 篇增长到 2014 年的 6 547 篇，平均年度增长率为 7.8%，表明作物育种研究作为一个成熟的学科一直在稳步发展之中（图 2–1）。从发文量排名前 10

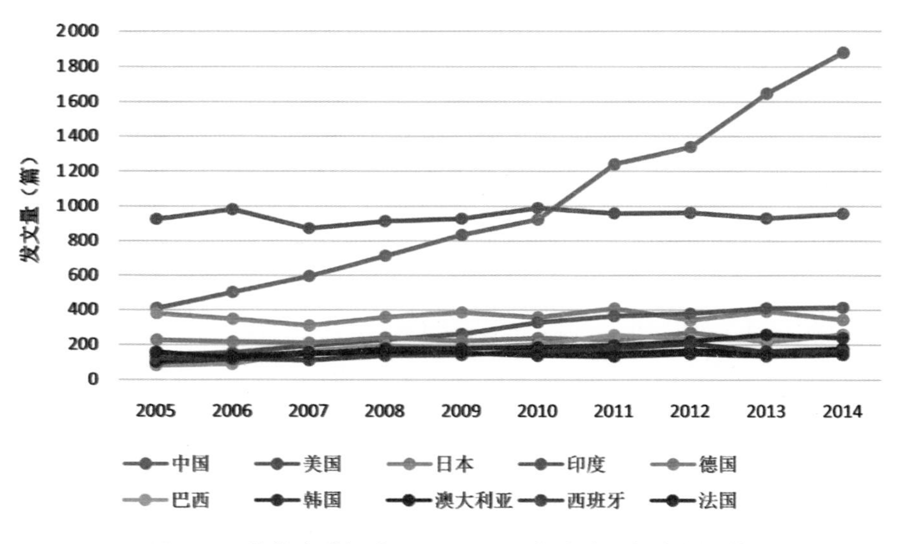

图 2–1　作物育种领域 2005—2014 年度发文量变化趋势

的国家发文量的年度变化可以发现，中国在作物育种领域的发文量自 2005—2014 年一直保持快速增长趋势，而其他国家在作物育种领域的发文量处于相对平稳的状态，中国自 2011 年开始超越美国成为作物育种领域发文量最多的国家，因此，也可以说全球作物育种领域发文量的稳步增长，很大程度上是由中国在作物育种领域研究发文量的增加引起的。

二、重点国家发文量对比分析

2005—2014 年，作物育种领域发文量排名前 10 的国家依次为中国、美国、日本、印度、德国、巴西、韩国、澳大利亚、西班牙和法国，其中，中国的发文量最多为 10 079 篇，美国为 9 422 篇。发文量前 10 的国家占整个作物育种领域发文量的 71%，而中国更是占到了作物育种领域全部发文量的 20%。

从作物育种领域主要国家发文量及其平均被引频次分析可以发现，中国发文量虽然最多，但其单篇平均被引频次为 10.3 次，处于 10 个国家的中等水平，单篇平均被引频次最高的为英国 26.1 次，单篇平均被引频次达到 20 以上的国家有英国、法国、德国和荷兰，美国为 19.6 次（图 2-2），以上数据表明

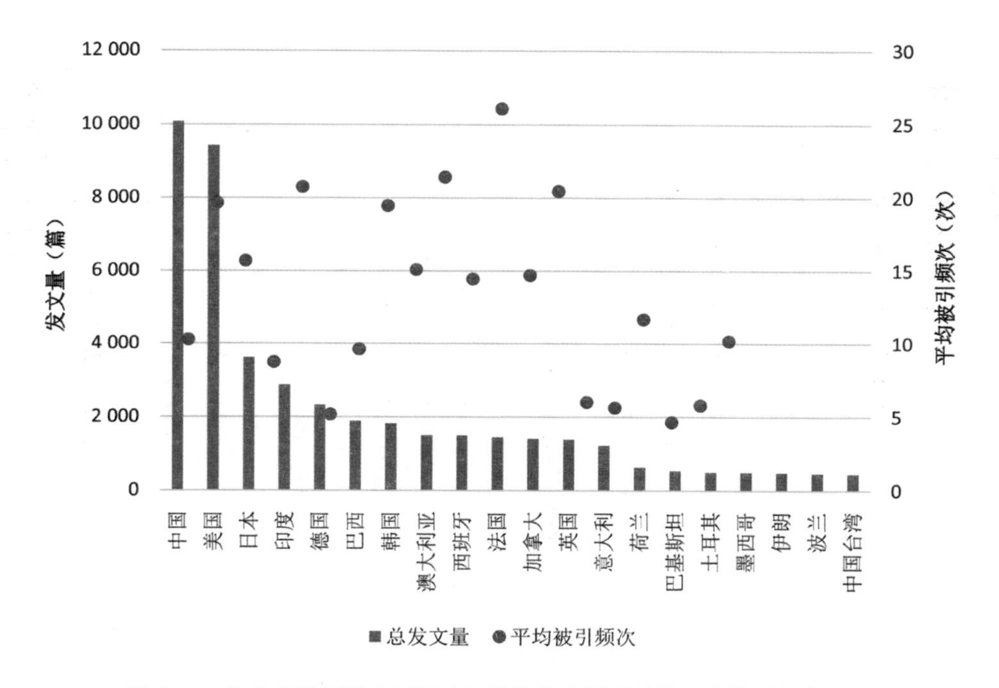

图 2-2　作物育种领域主要国家和地区发文量及单篇平均被引频次分析

无论是发文数量和质量方面，美国均处于较为优势的地位。我国在作物育种领域的总体实力仍有较大的提升空间，后续的作物育种研究在注重数量的同时，更应该注意研究质量的提高。

三、国际重要机构发文量对比分析

作物育种领域 2005—2014 年发文量较多的前 20 个机构有美国农业部、中国科学院、中国农业科学院等（图 2-3）。其中，美国农业部发文量为 1 288 篇，中国科学院为 1 151 篇，中国农业科学院为 964 篇。作物育种领域 2005—2014 年发文量排名前 20 的机构中有中国 7 家，美国 5 家，日本 2 家，法国、西班牙、加拿大、澳大利亚、巴西和德国各 1 家。

作物育种领域发文量排名前 20 的机构中，平均单篇被引频次最高的康奈尔大学为 32.2 次，其次是加州大学戴维斯分校为 28.5 次，排名第三的澳大利亚联邦科学与工业研究组织为 25.8 次。中国的科研院所和高校中以中国科学院平均单篇被引频次最高，为 17.0 次，其后依次为华中农业大学、浙江大学、山东农业大学、中国农业科学院、中国农业大学和南京农业大学。

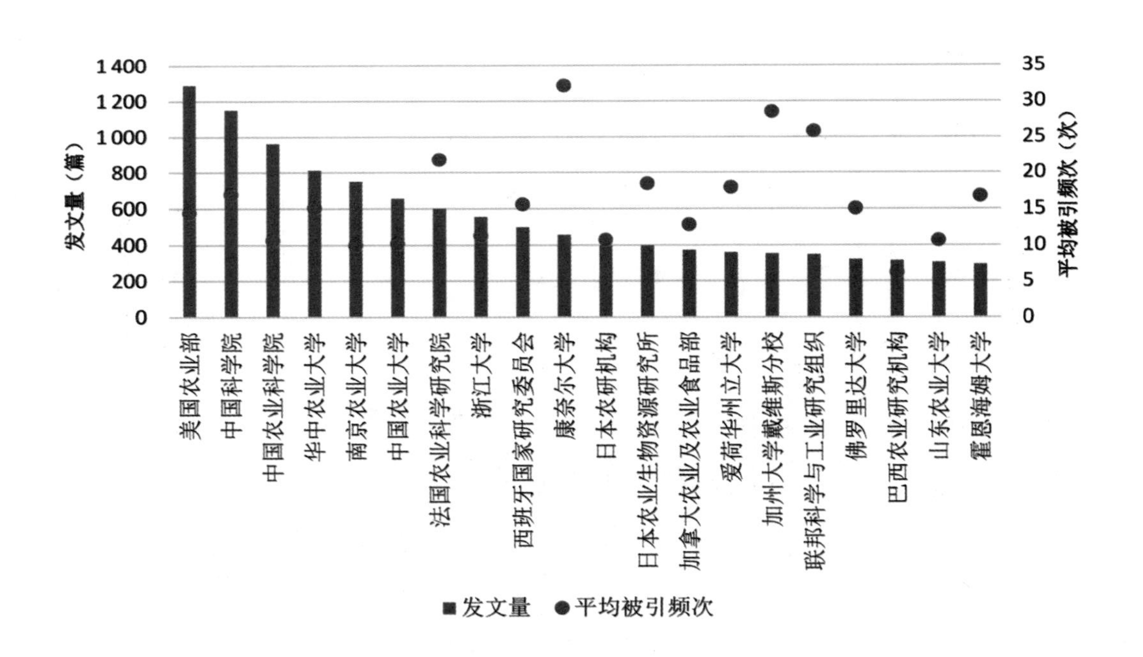

图 2-3　作物育种领域主要研究机构发文量与发文质量对比

四、主要被引论文分析

2005—2014 年，作物育种领域所发的 51 483 篇文章总被引频次为 719 720 次，平均被引频次为 13.98 次。作物育种领域单篇被引频次排名前 20 的文章（表 2-1），在植物应激研究方面有作物耐非生物胁迫的活性氧种类和抗氧化机制、耐干旱和盐性植物、基因网络参与干旱应激反应、现场环境和应激组合、超表达 NAM、ATAF 和 CUC(NAC) 转录因子增强水稻抗旱耐盐性、耐热植物等方面；在 DNA 修饰有基于 TALEN 和 TAL 效应子 DNA 靶向敲除技术、植物基因微卫星标记、DNA 甲基化技术等；在植物基因组方面有大豆基因组、水稻基因组、葡萄基因组、番茄基因组序列阐释肉质果实演化、超高密度遗传图谱构建、群体遗传分析、群体 GWAS 分析等；在植物病害方面有植物的诱导防御相关蛋白等；在植物生长代谢方面有细胞分裂素氧化酶调节稻米生产、基因敲减技术活化 p53 蛋白等。

美国 HudsonAlpha 基因组测序中心等机构发表在 Nature 上的“Genome sequence of the palaeopolyploid soybean”被引频次最高，为 1 019 次。该研究完成了大豆的完整基因组序列草图，科学家们利用全基因组鸟枪测序法对大豆基因组的 1.1GB 的序列进行了测序，结合物理图谱和高密度遗传图谱，获得了大豆基因组的序列拼接草图，精确的大豆基因组序列图谱将为更多的大豆性状遗传基础的鉴定提供便利，并加快大豆品种改良的步伐。

表 2-1　作物育种领域单篇被引频次 Top20

序号	题目	作者	国别	期刊	被引频次
1	Genome sequence of the palaeopolyploid soybean	Schmutz, J, et al.	美国	NATURE	1019
2	DNA methylation landscapes: provocative insights from epigenomics	Suzuki, MM, et al.	英国	NATURE REVIEWS GENETICS	902
3	Significance of inducible defense-related proteins in infected plants	van Loon, LC, et al.	荷兰	ANNUAL REVIEW OF PHYTOPATHOLOGY	895
4	Reactive oxygen species and antioxidant machinery in abiotic stress tolerance in crop plants	Gill, SS, et al.	印度	PLANT PHYSIOLOGY AND BIOCHEMISTRY	869

（续表）

序号	题目	作者	国别	期刊	被引频次
5	Drought and salt tolerance in plants	Dorothea B, et al.	德国	CRITICAL REVIEWS IN PLANT SCIENCES	653
6	Genic microsatellite markers in plants: features and applications	Varshney RK, et al.	德国	Trends Biotechnol	619
7	Gene networks involved in drought stress response and tolerance	Kazuo S, et al.	日本	Journal of Experimental Botany	574
8	Abiotic stress, the field environment and stress combination	Ron Mittler	美国	Trends in Plant Science	545
9	Efficient design and assembly of custom TALEN and other TAL effector-based constructs for DNA targeting	Cermak T, et al.	美国	NUCLEIC ACIDS RESEARCH	526
10	The tomato genome sequence provides insights into fleshy fruit evolution	Sato S, et al.	日本	NATURE	521
11	FD, a bZIP protein mediating signals from the floral pathway integrator FT at the shoot apex	Abe M, et al.	日本	SCIENCE	506
12	A Robust, Simple Genotyping-by-Sequencing (GBS) Approach for High Diversity Species	Elshire RJ, et al.	美国	PLOS ONE	484
13	Development of series of gateway binary vectors, pGWBs, for realizing efficient construction of fusion genes for plant transformation	Nakagawa T, et al.	日本	JOURNAL OF BIOSCIENCE AND BIOENGINEERING	483
14	p53 activation by knockdown technologies	Robu ME, et al.	美国	PLOS GENETICS	479
15	Cytokinin oxidase regulates rice grain production	Ashikari M, et al.	日本	SCIENCE	469
16	Heat tolerance in plants: An overview	Wahid A, et al.	美国	ENVIRONMENTAL AND EXPERIMENTAL BOTANY	464
17	A High Quality Draft Consensus Sequence of the Genome of a Heterozygous Grapevine Variety	Velasco R, et al.	意大利	PLOS ONE	459
18	Overexpressing a NAM, ATAF, and CUC (NAC) transcription factor enhances drought resistance and salt tolerance in rice	Hu HH, et al.	中国	PROCEEDINGS OF THE NATIONAL ACADEMY OF SCIENCES OF THE UNITED STATES OF AMERICA	426
19	GIBBERELLIN INSENSITIVE DWARF1 encodes a soluble receptor for gibberellin	Ueguchi-Tanaka M, et al.	日本	NATURE	420

（续表）

序号	题目	作者	国别	期刊	被引频次
20	Huanglongbing: A destructive, newly-emerging, century-old disease of citrus	Bove, JM	法国	JOURNAL OF PLANT PATHOLOGY	420
21	The Genomes of Oryza sativa: A history of duplications	Yu J, et al.	中国	PLOS BIOLOGY	416

五、研究主题分析

利用 Citespace 软件对作物育种领域论文数据集进行主题聚类分析（图 2-4），结合词频共现（TFIDF）、对数似然比（LLR，log likelihood ratio）和互信息（MI，mutual information）3 种标签包含的信息分析发现，作物育种研究在 2005—2014 年主要的热点研究领域集中在以下 4 个方面。

（1）植物转基因的表达、过表达，农杆菌介导的遗传转化等。

（2）围绕作物数量性状位点、分子标记辅助选育、基因连锁图谱等技术开展的研究。

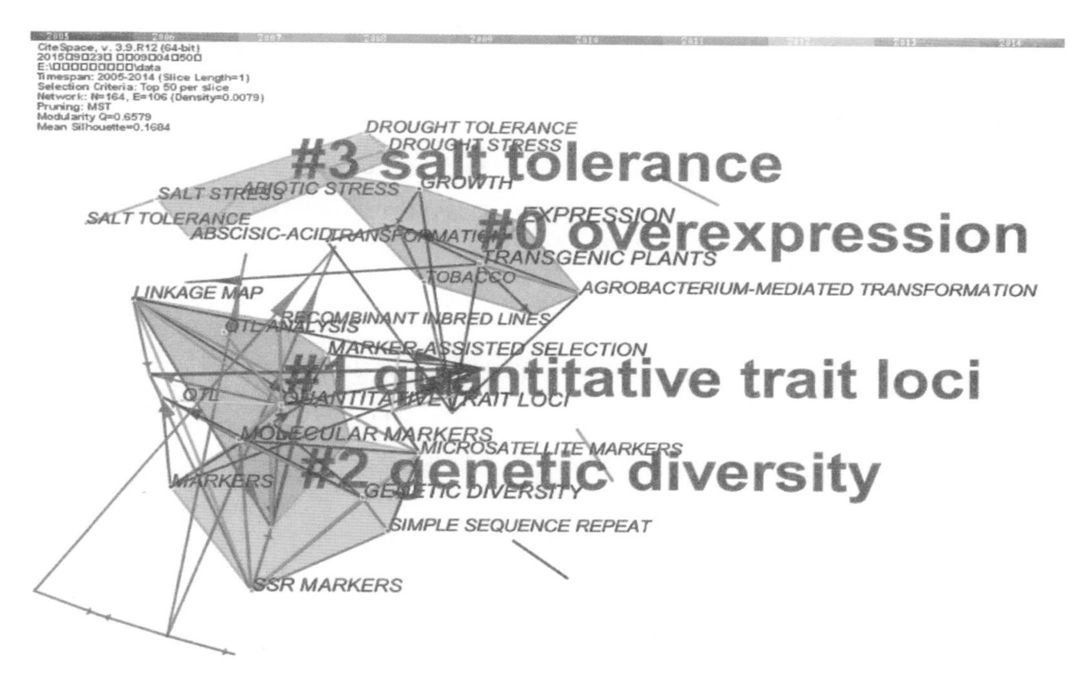

图 2-4　作物育种领域 2005—2014 年主题聚类

（3）围绕基因多态性、微卫星标记、简单重复序列、SSR标记等技术展开的相关研究。

（4）围绕作物抗性，如盐碱、干旱等非生物胁迫以及脱落酸在植物应对非生物胁迫中如何发挥作用等开展的相关研究。

通过分析作物育种领域2005—2014年高被引文献主题随时间的变化（表2-2），可以发现作物育种领域研究热点的变迁（表2-3）。

表2-3　2005—2014年作物育种领域主要研究热点

时间	研究内容	主要技术
2005—2007	粳稻、籼稻、拟南芥基因组，DNA多态性，蛋白识别	逐步克隆法、全基因组鸟枪法、AFLP、改进的凝胶电泳
2007—2010	蛋白序列/核酸序列、蛋白识别	PSI-BLAST、MEGA3、改进的凝胶电泳
2011—2014	大豆、玉米B73、高粱、苹果基因组，水稻性状全基因组分析，玉米开花时间	MEGA4、QTLs、JOINMAP 4、GBS、Blast2GO

2005—2007年，作物育种的研究热点集中在粳稻、籼稻以及模式植物拟南芥基因组序列功能相关研究，分子克隆和DNA多态性研究也较为突出。该时期出现的引用高峰文献包括分子克隆试验手册；利用全基因组鸟枪法测定粳稻品种日本晴基因组序列；检测DNA多态性的方法AFLP；开花植物拟南芥的基因组序列分析；利用逐步克隆法测定粳稻品种日本晴的基因组序列；通过全基因组鸟枪法测序籼稻品种“9311”。

2007—2010年，作物育种的研究热点集中在蛋白测定以及利用生物信息技术手段研究核酸序列/蛋白序列的相似性和同源性。其中，LAEMMLI（1970）利用改进的凝胶电泳方法识别未知蛋白质的文献该时期一直处于引用高峰状态；其他高被引文献包括介绍蛋白质/核酸序列相似性分析程序BLAST的不足以及新程序PSI-BLAST的文献、研究分子进化树分析软件MEGA3以及蛋白质浓度测定方法——考马斯蓝染色法（又称Bradford法）的文献。

2011—2014年，作物育种的研究热点集中在大豆、玉米、高粱基因序列测定与分析，水稻性状全基因组、评估基因组图谱研究。该时期出现引用高峰的研究主要集中在美国农业部—能源部联合基因组研究所、普渡大学等多家

表 2-2　作物育种领域 2005—2014 年出现的前 20 个引用高峰文章

References	Year	Strength	Begin	End	2005—2014
SAMBROOK J, 1989, MOL CLONING LAB MANU, V, P	1989	139.099 4	2005	2007	
GOFF SA, 2002, SCIENCE, V296, P92	2002	34.786 5	2005	2007	
VOS P, 1995, NUCLEIC ACIDS RES, V23, P4407	1995	33.043 6	2005	2007	
KAUL S, 2000, NATURE, V408, P796	2000	27.687 3	2005	2007	
SASAKI T, 2002, NATURE, V420, P312	2002	24.855 2	2005	2007	
YU J, 2002, SCIENCE, V296, P79	2002	23.542 2	2005	2007	
LAEMMLI UK, 1970, NATURE, V227, P680	1970	53.237 6	2005	2010	
ALTSCHUL SF, 1997, NUCLEIC ACIDS RES, V25, P3402	1997	52.149 1	2007	2009	
KUMAR S, 2004, BRIEF BIOINFORM, V5, P150	2004	41.707 7	2007	2010	
BRADFORD MA, 1976, ANAL BIOCHEM, V72, P254	1976	116.253 2	2008	2009	
SCHMUTZ J, 2010, NATURE, V463, P178	2010	52.621 1	2011	2014	
SCHNABLE PS, 2009, SCIENCE, V326, P1112	2009	48.417 9	2011	2014	
TAMURA K, 2007, MOL BIOL EVOL, V24, P1596	2007	39.566 2	2011	2014	
BUCKLER ES, 2009, SCIENCE, V325, P714	2009	25.834 8	2011	2014	
VAN OOIJEN J W, 2006, JOINMAP 4 SOFTWARE C, V, P	2006	25.395 9	2011	2014	
PATERSON AH, 2009, NATURE, V457, P551	2009	24.027 3	2011	2014	
ELSHIRE RJ, 2011, PLOS ONE, V6, P	2011	66.213 7	2012	2014	
HUANG XH, 2010, NAT GENET, V42, P961	2010	52.811	2012	2014	
VELASCO R, 2010, NAT GENET, V42, P833	2010	49.633 8	2012	2014	
CONESA A, 2005, BIOINFORMATICS, V21, P3674	2005	38.011 5	2012	2014	

注：颜色强弱表示该文章出现的引用强度的变化，其中，红色表示引用高峰

机构联合完成的第一张豆科植物完整基因组序列图谱以及相关研究；玉米自交系 B73 的基因组序列测定以及相关研究进展和应用；高粱基因组测序及与玉米、水稻基因组的对比分析；水稻性状全基因组分析、苹果基因组图谱分析等。此外，分子进化遗传分析软件 MEGA4，通过测序进行基因分型的 GBS 技术，生物信息学工具 Blast2GO 以及遗传连锁图构建工具 JOINMAP 4 广泛应用于作物育种研究。

六、合作关系分析

对作物育种数据集中前 20 个主要机构进行互相关图谱分析，基于这些机构进行互相关图谱分析，使用短语分析其研究的相关性（图 2–5），结果表明，

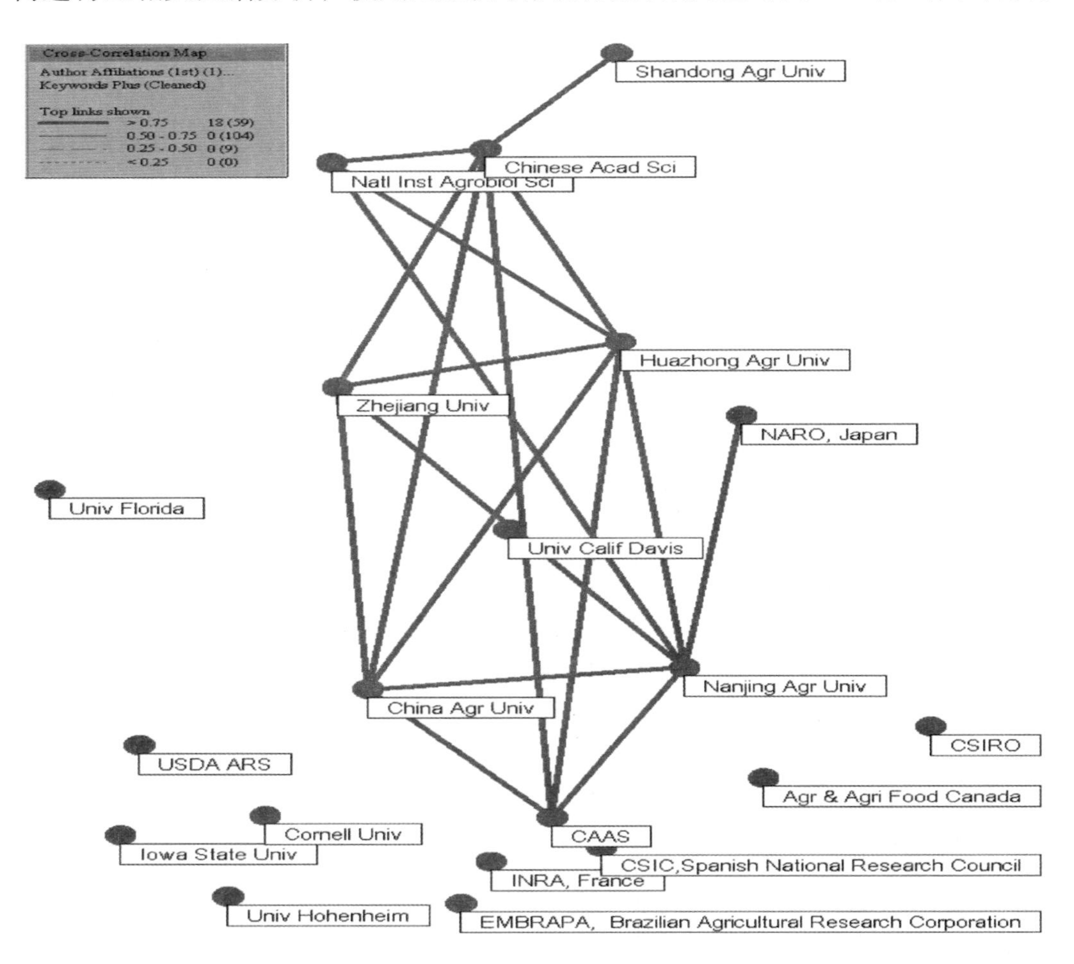

图 2–5 作物育种领域前 20 个研究机构互相关分析

中国科学院在研究内容上与中国农业大学、中国农业科学院、浙江大学、山东农业大学、华中农业大学以及日本国立农业生物资源研究所具有较大的相关性；日本国立农业生物资源研究所则与中国科学院、南京农业大学、华中农业大学在研究内容上具有较大相似性；加州大学戴维斯分校与浙江大学和南京农业大学在研究内容上具有较大的相似性；南京农业大学还与日本国立农业科研机构在研究内容上具有较大的相似性。

七、小结

（1）作物育种领域 2005—2014 年全球发文量呈稳步增长的态势，研究活跃，我国发文量增长的速度尤为突出。在作物育种领域发文量排名前 20 的机构中我国机构占 7 家，我国科研机构在作物育种研究方面已经形成较大的规模。但我国在作物育种领域发表文章平均单篇被引频次仅为 10.2 次，远低于英国、法国、德国、荷兰、美国等国家，这也说明，我国该领域论文质量有待提高，作物育种研究整体水平仍有较大的提升空间。

（2）在作物育种研究机构中，美国康奈尔大学、加州大学戴维斯分校和澳大利亚联邦科学与工业研究组织发表论文的平均单篇被引频次较高，分别为 32.2、28.5 和 25.8 次，具有较高的研究水平。我国科研院所中，中国科学院的平均单篇被引频次最高，为 17.0 次，其后依次为华中农业大学、浙江大学。我国科研机构在作物育种领域开展了广泛的合作。

（3）目前，作物育种基础研究主要集中在解析多种重要植物的基因组序列，并在此基础上通过对控制重要农艺性状的数量性状位点（QTL）的精细定位、相关连锁图谱的构建及重要基因的分离，利用转基因、分子标记辅助选择等方法，增强植物抗逆 / 病性，提高产量与营养品质。具体研究热点包括：植物基因组研究，包括水稻、葡萄、番茄等作物的基因组测序及序列解析；复杂农艺性状的遗传解析，主要围绕 QTL、分子标记辅助选择、基因连锁图谱等开展研究；转基因研究，集中在植物转基因的表达或过表达、农杆菌介导的遗传转化等；分子标记开发主要集中在基因多态性、SSR 标记等方面；农作物重要性状分子机理的解析主要体现在抗逆（耐盐碱、抗旱等）和抗病（抗番茄丛矮病、抗柑橘黄龙病等）分子机制研究上。

第 三 章
基于专利的作物育种发展态势分析

本部分采用"主题词 + 国际专利分类号（IPC）"的方式在 TI 数据库检索获得 29 822 件与作物育种相关的专利，检索时间为 2015 年 7 月 20 日，分析时间为数据库收录初始年至 2014 年。

一、专利年度趋势分析

通过分析作物育种领域 29 822 件专利申请数量的变化趋势（图 3–1），可以看出，近 50 年来作物育种领域的专利申请数量整体呈逐年上升态势，具体可分为 3 个阶段，技术萌芽期：1966—1987 年，作物育种领域专利申请数量较

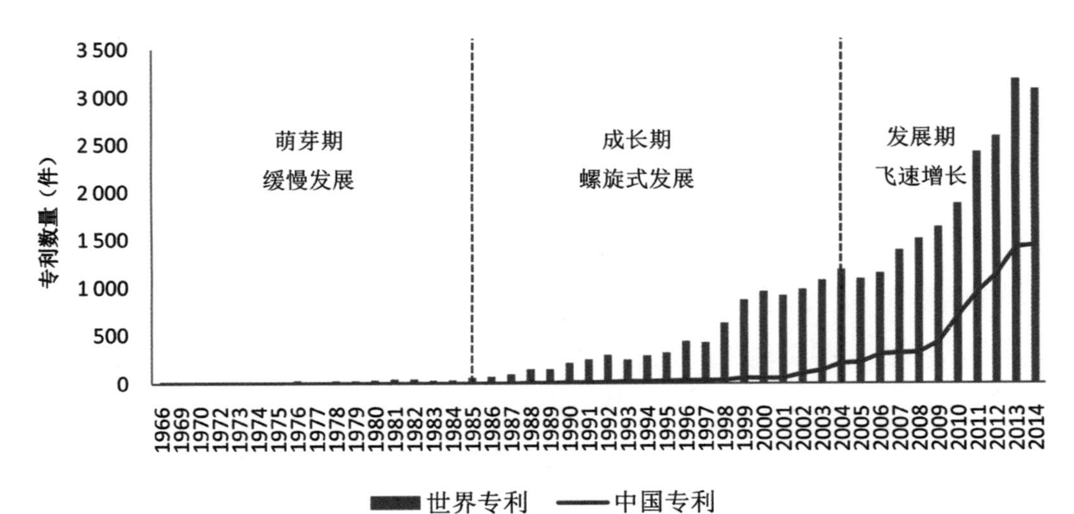

图 3–1　作物育种领域专利年度变化趋势

少，处于技术萌芽期，呈缓慢发展的状态，每年的专利数量均未超过 100 件；技术成长期：1988—2004 年，作物育种领域的专利数量呈现螺旋式增长，有快速增长的阶段，也有回落的年度；技术发展期：2005 年以后，作物育种领域的专利数量快速增长，平均增幅达到 13.5%。近 3 年专利申请量占该领域专利申请总量的 30%，可见该领域研究处于非常活跃的状态（由于时滞性的原因，2014 年的数据仅供参考）。

二、主要申请专利国家 / 地区分析

在专利数据库中，没有一个非常准确的字段能够直接反映作物领域专利在国家 / 地区的分布情况，但各国在申请专利保护时会首选本国为第一保护国，因此，各国专利机构的受理数量，能够在一定程度上反映各国在该领域的专利申请状况。

本研究分别从近 50 年来该领域国家专利申请数量的变迁、近 10 年专利在国家 / 地区的分布情况以及近 3 年各国家 / 地区专利增长的情况 3 个角度进行分析。

1. 近 50 年的发展变迁

本研究利用 TDA 软件中的世界地图分析工具，分析了 1966—2014 年作物育种领域专利申请国家 / 地区的演变过程（图 3-2 至图 3-5）。灰色区域表示没有该领域专利申请，其他彩色区域的颜色深浅代表着区域专利申请量的多少，专利申请量较少的区域颜色较浅，专利申请量较大的区域颜色较深。在 1966—1985 年的早期 20 年间，苏联在该领域以 180 件专利位居世界第一，罗马尼亚以 69 件位列第二，其次是美国、欧盟和法国，而我国由于还没有专利申报制度，在该领域的专利记录是空白。在 1986—1996 年的 10 年间，苏联以 392 件专利位列第一，匈牙利以 382 件专利位列第二，之后分别是世界知识产权局、美国和日本，我国以 109 件专利位居第七。1996—2005 年，美国在该领域专利申请量急剧增长，以 2 934 件专利位列第一，同时，我国在该领域也有较大发展，以 932 件位列第三。到 2006—2014 年的最近 10 年，我国以 7 226 件专利位列第二，仅次于美国的 7 399 件，已成为该领域专利申请大国。

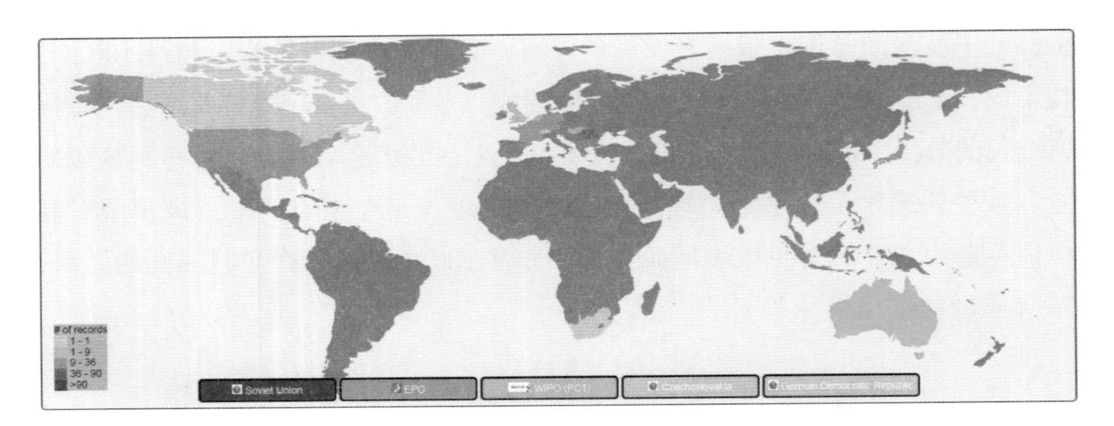

图 3-2　1966—1985 年专利申请国家 / 地区分布

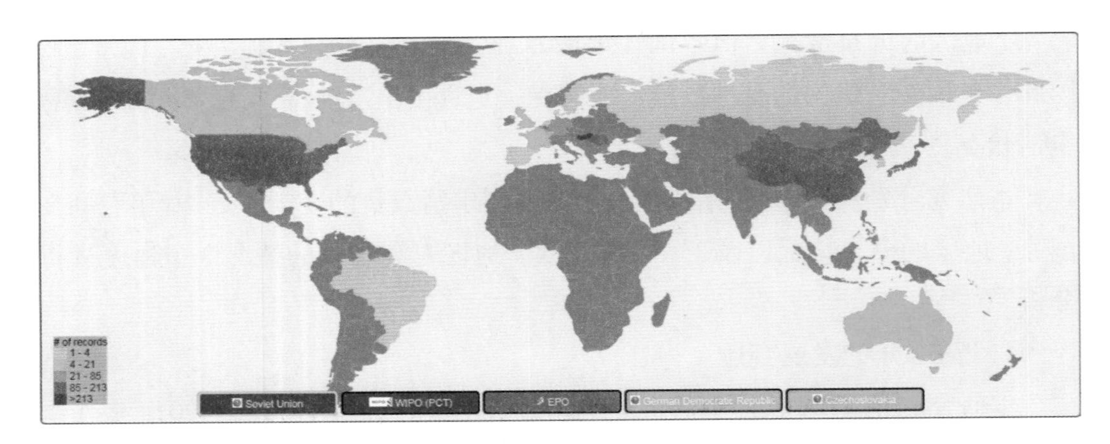

图 3-3　1986—1995 年专利申请国家 / 地区分布

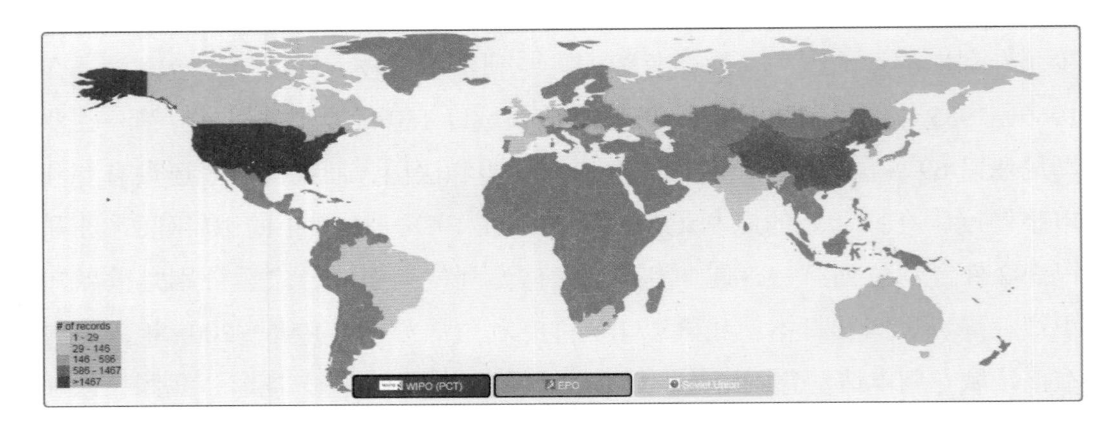

图 3-4　1996—2005 年专利申请国家 / 地区分布

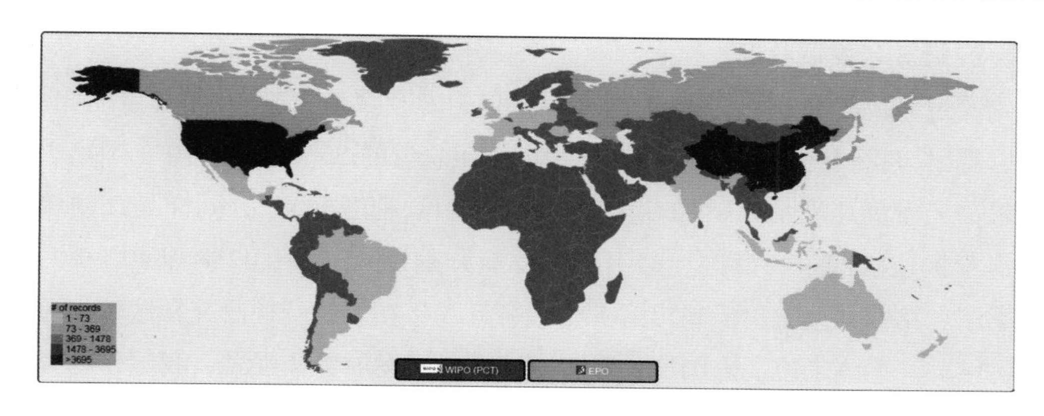

图 3-5　2006—2015 年专利申请国家 / 地区分布 ①

2. 近 10 年的发展态势

2005—2014 年，作物育种领域专利受理量最多的前 10 个机构依次是美国专利商标局（US）、中国国家知识产权局（CN）、世界知识产权组织（WO）、韩国专利局（KR）、日本专利局（JP）、加拿大专利局（CA）、欧洲专利局（EP）、俄罗斯专利局（RU）、法国专利局和印度专利局（IN），上述机构所受理的专利申请量之和占专利申请总量的 97% 以上（图 3-6）。

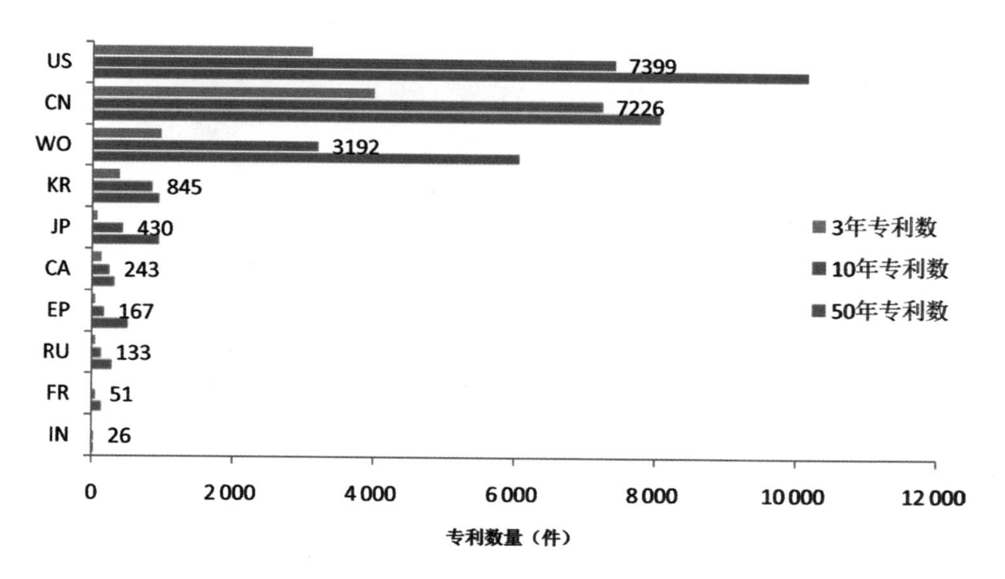

图 3-6　作物育种领域专利主要受理国家 / 地区

① 本研究将 1966—2014 年分为了 5 个 10 年段进行分析，但由于 2015 年的专利信息还不完整，所以，最后一个 10 年段是 2006—2014 年的专利数据

3. 近 3 年发展状况

通过对比 TOP10 专利申请国家近 3 年的专利数量占其 10 年总量的比例，可以看出，我国近 3 年的专利数量占其 10 年总量的 55.3%，在 10 个国家中比例最高，发展速度最快；加拿大以 54.3% 的比例位居第二，同样是该领域发展速度极快的国家；韩国、美国和俄罗斯分别以 45.2%、42% 和 40.6%，位居第三、第四和第五，反映出这 5 个国家近 3 年在作物育种研究领域较为活跃（表 3–1）。总体来说，美国增长势头减缓，我国发展势头强劲，我国作物育种研究蓬勃发展的时代到来了。

表 3–1　专利数量前 10 位国家 / 地区近 3 年专利量占 10 年总量的比例

国家 / 地区	专利数量（件）	近 3 年专利数量（件）	近 3 年专利数量占 10 年总量的比例（%）
美国	7 399	3 110	42.0
中国	7 226	3 995	55.3
世界知识产权局	3 192	967	30.3
韩国	845	382	45.2
日本	430	69	16.0
加拿大	243	132	54.3
欧盟	167	49	29.3
俄罗斯	133	54	40.6
法国	51	7	13.8
印度	26	3	11.5

三、主要国家 / 地区相对影响力分析

为了从专利数量和质量上综合分析国家 / 地区的相对影响力，本研究构建了基于专利信息属性的相对影响力分析方法。首先，从专利数量和专利质量两个维度绘制专利数量和篇均被引次数相对位置分布的二维平面图，然后，再分别以专利数量和篇均被引次数的平均值为原点，将平面图划分出 4 个象限，以此反映出各技术的相对研究规模和影响力。其中，第一象限国家 / 地区的专利质量高且专利活动频繁；第二象限国家 / 地区专利质量高，但专利活动尚未进

入活跃期，可能在未来具有较大潜力；第三象限国家 / 地区相对于其他国家 / 地区而言，专利活动和质量均相对较低；第四象限国家 / 地区的专利活动频繁，值得关注。

从主要国家 / 地区专利数量和篇均被引次数相对位置分布图（图 3-7）可以看出，在作物育种研究中，美国处于专利数量和篇均被引次数均高于平均值的第一象限，属于双高（高专利数量、高篇均被引次数）国家 / 地区，在该领域处于技术引领地位；德国位于专利数量低于平均值、篇均被引次数高于平均值的第四象限，虽然相对专利数量有限，但其专利影响力较高，属于技术实力派；我国位于专利数量高于平均值、篇均被引次数低于平均值的第二象限，研究规模较大，但影响力相对较弱，说明技术研究活跃，具备发展潜力；韩国、日本、俄罗斯、加拿大、法国、印度和澳大利亚集中在专利数量和篇均被引次数均低于平均值的第三象限，属于相对双低（低专利数量、低篇均被引次数）国家，研究规模和影响力相对较弱。

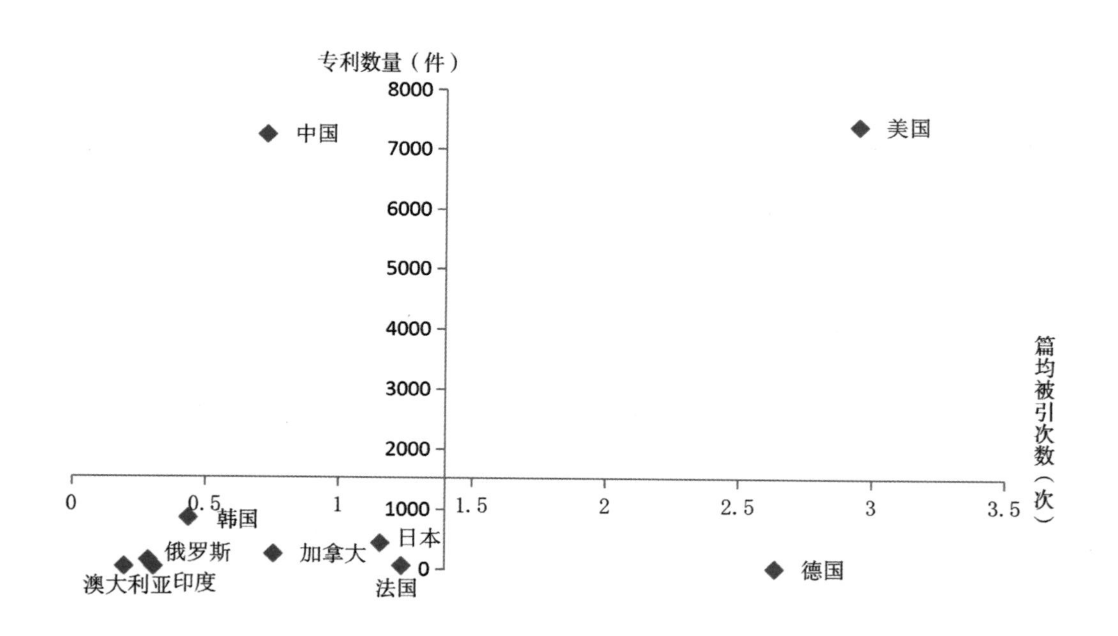

图 3-7　主要国家 / 地区专利数量和篇均被引次数相对位置分布

四、主要专利权人分析

1. 主要专利权人分布情况

从专利权人分布情况看，作物育种领域专利申请量排名前15的机构依次是孟山都、杜邦、先正达、中国农业科学院、中国科学院、斯泰种业、巴斯夫、南京农业大学、华中农业大学、陶氏益农、拜耳、江苏省农科院、中国农业大学、韩国农村振兴厅和浙江大学（表3–2）。在这15个机构中，中国的机构占据7个席位，美国的机构占据4个席位，德国机构占据2个席位，瑞士和韩国的机构各占据1个席位。从机构性质看，跨国企业所占比重较大，在作物育种研发领域实力突出，我国的机构均为研究机构和高校。

表3–2　作物育种领域专利申请量TOP15的机构

排名	专利权人	国家 / 地区	机构性质	专利数量
1	孟山都	美国	企业	2 792
2	杜邦	美国	企业	2 757
3	先正达	瑞士	企业	582
4	中国农业科学院	中国	研究机构	575
5	中国科学院	中国	研究机构	557
6	斯泰种业	美国	企业	439
7	巴斯夫	德国	企业	333
8	南京农业大学	中国	高校	287
9	华中农业大学	中国	高校	249
10	陶氏益农	美国	企业	228
11	拜耳科技公司	德国	企业	210
12	江苏省农业科学院	中国	科研机构	200
13	中国农业大学	中国	高校	200
14	韩国农村振兴厅	韩国	研究机构	198
15	浙江大学	中国	高校	187

2. 主要专利权人相对影响力分析

专利申请数量可以在一定程度上说明各专利权人在该领域的知识产权地位，但并不能完全说明其技术在该领域的地位和水平。专利数量的分析与专利的引证分析相结合，能进一步说明专利权人在该领域的相对影响力。

分别以作物育种领域主要专利权人的专利数量和篇均被引次数为纵、横坐标（图 3-8）分析其研究规模和影响力。可以看出，孟山都属于高专利申请量、高篇均被引次数的双高机构，是行业领军企业；斯泰种业、陶氏益农和巴斯夫位于专利申请量低于平均值，篇均被引次数高于平均值的第四象限，这 3 个机构虽然相对专利申请量有限，但其专利影响力较高，是该领域的技术实力派；杜邦公司位于专利申请量高于平均值，但篇均被引次数稍低于平均值的第三象限，研究活跃度较高，有较大发展潜力；其余 5 个机构包括先正达、中国农业科学院、中国科学院、南京农业大学和华中农业大学均属于相对双低（低专利申请量、低篇均被引次数）机构，研究规模和影响力与其他几家机构相比相对较弱。

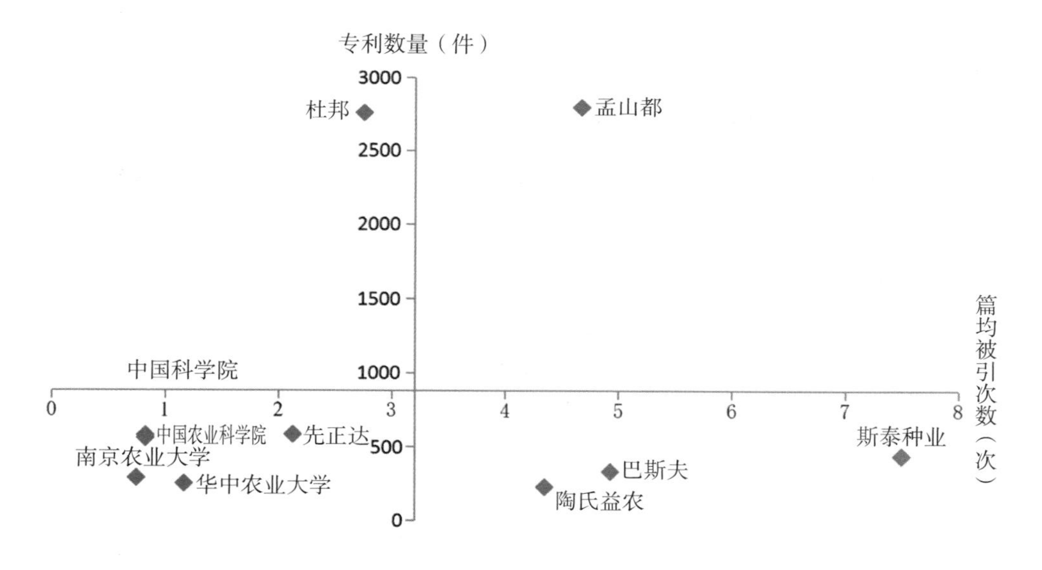

图 3-8　主要专利权人专利数量和篇均被引次数相对位置分布

3. 主要专利权人专利战略布局分析

图 3-9 为作物育种领域主要专利权人的专利全球布局情况。每一种颜色

代表一个机构，横坐标代表在某个国家 / 地区申请的专利，气泡大小表明申请专利的数量。可以看出，孟山都和杜邦是该领域专利申请大户，主要在美国申请专利，同时，注重在国外市场的专利布局，在中国、加拿大、澳大利亚、印度、墨西哥等地也都有大量专利申请。整体看来，除斯泰种业仅在美国申请专利外，国外大企业都非常重视专利在世界各国的布局，向国际化、垄断化发展。而我国研究机构和高校的专利申请主要在国内，缺乏国际布局。

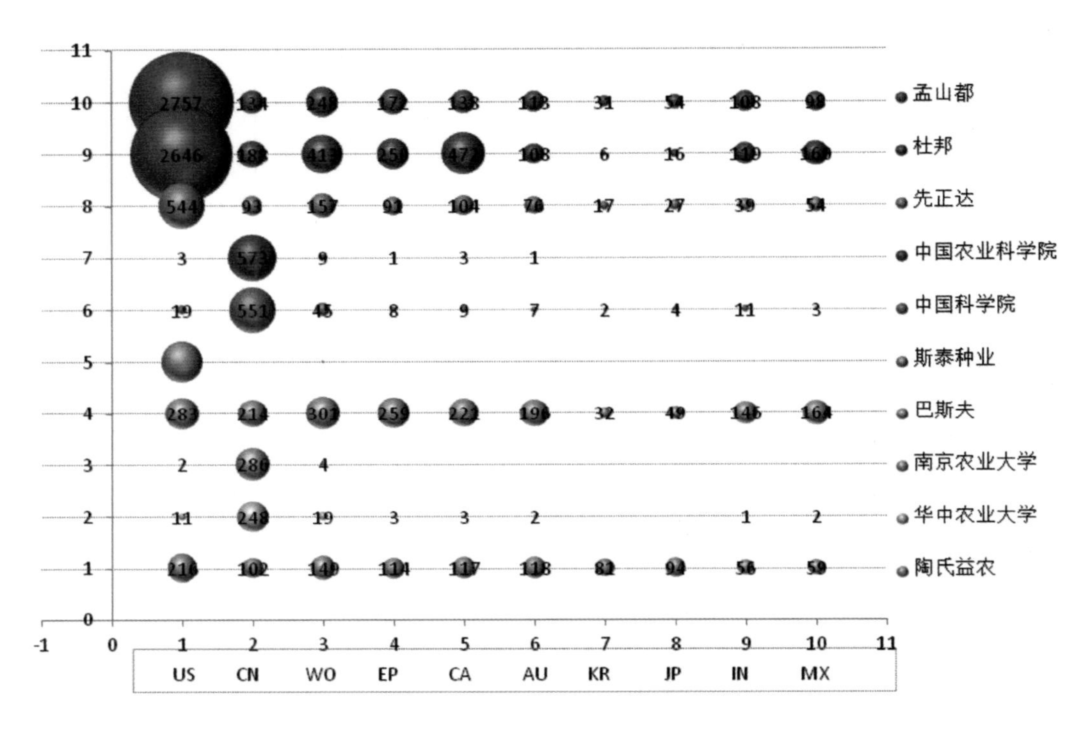

图 3-9　TOP10 专利权人在各国家 / 地区的专利战略布局

4. 主要专利权人的合作关系分析

分析作物育种领域专利申请量排名前 15 位机构的合作关系（图 3-10），可以看出，机构之间更倾向于与本国的机构进行合作，跨国机构合作较少。TOP15 专利权人中，中国科学院的合作网络较多，与 4 家机构有合作关系，其中，与先正达合作申请专利 7 件，与中国农业大学合作申请专利 2 件，与中国农业科学院合作申请专利 2 件，与浙江大学合作申请专利 1 件；孟山都与 3 家机构形成合作关系，其中，与斯泰种业公司合作非常密切，在斯泰种业的

439 件专利中，有 437 件是与孟山都合作申请的，此外，还与拜耳公司合作申请专利 4 件，与巴斯夫合作申请专利 1 件；中国农业科学院与 3 家机构形成合作关系，其中，与中国科学院合作申请专利 2 件，与江苏省农科院合作申请专利 2 件，与南京农业大学合作申请专利 1 件；杜邦与 2 家机构形成合作关系，其中，与陶氏益农合作较为密切，合作申报专利 11 件，与中国农大合作申报专利 1 件；先正达与 2 家机构建立了合作关系，与中国科学院合作申请专利 7 件，与巴斯夫合作申请专利 2 件；浙江大学与 2 家机构有合作关系，与华中农业大学合作申报专利 1 件，与中科院合作申报专利 1 件。韩国农村振兴厅没有与其他机构形成合作关系，198 件专利均是独立申请。

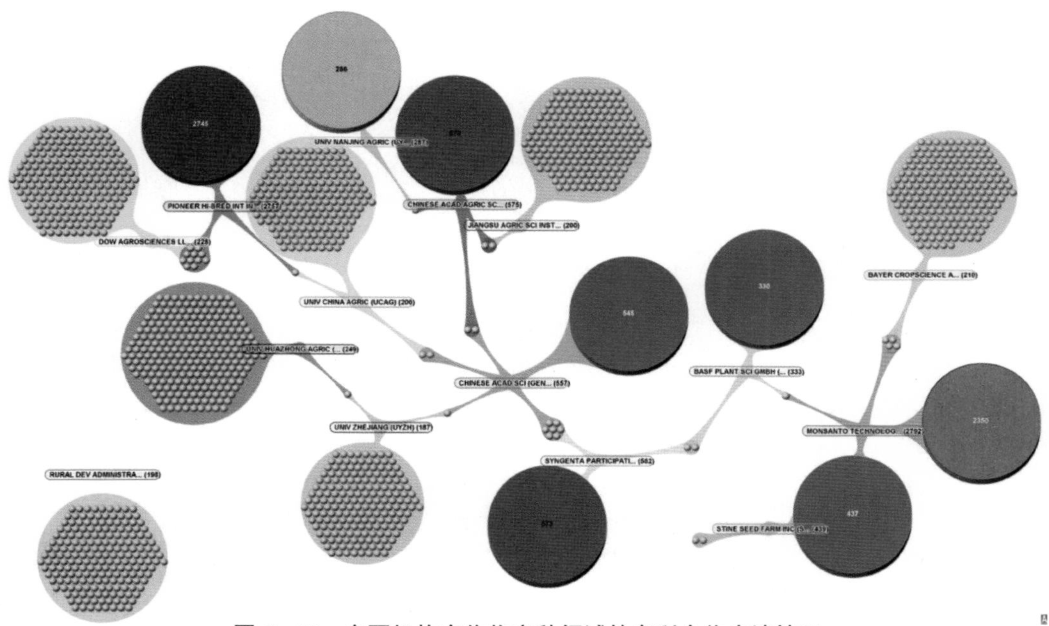

图 3–10　主要机构在作物育种领域的专利合作申请情况

五、专利强度分析

Innography 数据库提供了专利强度（Patent Strength）分析指标，该指标是根据专利权利要求数量、引用先前技术文献数量、专利被引用次数、专利及专利申请案的家族情况、专利申请时长、专利年龄、专利诉讼等 10 余个相关指标计算得到，可用于专利重要程度、专利维护决策、诉讼风险的确定、优先权结果以及与其他专利的比较等多方面的评价。Innography 的专利强度从

0%~100% 分为 10 级，强度越大越为核心专利。

本研究筛选出专利强度在 80%~100% 的 223 件专利，并对其中专利强度排名前 10 的 26 件专利（表 3-3）进行了专家解读。这些专利的主要内容涉及玉米自交系、玉米品种及其种子选育及应用方法、核酸片段定向插入方法、植物脱饱和酶成分及应用、改变植物蛋白质二硫化状态方法、植物基因修饰研究、多结构域晶体蛋白杀虫的方法和应用、向日葵自交系选育等方面。26 件专利中，杜邦公司有 12 件，孟山都有 10 件，肯塔基大学、加利福尼亚大学、迪卡遗传学公司、陶氏益农各 1 件。企业的核心专利占比非常高。

表 3-3　作物育种领域世界核心专利 TOP10

专利权人	公开号	题目	公开时间	专利强度（%）	专利摘要
杜邦	US7102055	Compositions and methods for the targeted insertion of a nucleotide sequence of interest into the genome of a plant	2006/9/5	93	一种核酸序列定向插入改良植物的方法
孟山都	US7037692	Plant desaturases compositions and uses	2006/5/2	91	植物去饱和酶的方法和应用
加利福尼亚大学	US7102056	Compositions and methods for plant transformation and regeneration	2006/9/5	91	植物遗传转化再生方法
迪卡遗传学公司	US7173171	Plants and seeds of corn variety i180580	2007/2/6	91	玉米品种 i180580 的选育和应用
杜邦	US7009087	Compositions and methods for altering the disulfide status of proteins	2006/3/7	91	改变蛋白质二硫化状态方法和应用
孟山都	US7223908	Plants and seeds of corn variety lh324	2007/5/29	91	玉米品种 lh324 的选育和应用
孟山都	US7709709	Plants and seeds of corn variety cv334995	2010/5/4	90	玉米品种 cv334995 的选育和应用
孟山都	US7709712	Plants and seeds of corn variety cv194481	2010/5/4	90	玉米品种 cv194481 的选育和应用
肯塔基大学	US8115059	Gene expression modulation system for use in plants and method for modulating gene expression in plants	2012/2/14	90	一种植物基因表达修饰的方法

（续表）

专利权人	公开号	题目	公开时间	专利强度（%）	专利摘要
杜邦	US7276650	Inbred maize line ph70r	2007/10/2	90	玉米重要自交系ph70r的选育和应用
杜邦	US7273972	Inbred maize line ph3rc	2007/9/25	90	玉米重要自交系ph3rc的选育和应用
陶氏益农	US7915502	Inbred sunflower line cn1229r	2011/3/29	90	向日葵重要自交系cn1229r的选育和应用
杜邦	US7262345	Inbred maize line ph4v6	2007/8/28	90	玉米重要自交系ph4v6的选育和应用
杜邦	US7273971	Inbred maize line ph1gd	2007/9/25	90	玉米重要自交系ph1gd的选育和应用
杜邦	US7355104	Inbred maize line ph890	2008/4/8	90	玉米重要自交系ph890的选育和应用
杜邦	US7326833	Inbred maize line ph705	2008/2/5	90	玉米重要自交系ph705的选育和应用
杜邦	US7196254	Inbred maize line ph8cw	2007/3/27	90	玉米重要自交系ph8cw的选育和应用
孟山都	US7342152	Plants and seeds on corn variety i900420	2008/3/11	90	玉米品种i900420的选育和应用
孟山都	US8735560	Multiple domain lepidopteran active toxin proteins	2014/5/27	90	多结构域晶体蛋白杀虫的方法和应用
杜邦	US7091407	Inbred corn line ph907	2006/8/15	90	玉米重要自交系ph907的选育和应用
杜邦	US7259302	Inbred maize line ph51h	2007/8/21	90	玉米重要自交系ph51h的选育和应用
孟山都	US7220900	Plants and seeds or corn variety i180581	2007/5/22	90	玉米品种i180581的选育和应用

（续表）

专利权人	公开号	题目	公开时间	专利强度（%）	专利摘要
孟山都	US7714216	Plants and seeds of hybrid corn variety ch491400	2010/5/11	90	玉米品种 ch491400 的选育和应用
孟山都	US7214863	Plants and seeds of variety i130247	2007/5/8	90	玉米品种 i130247 的选育和应用
杜邦	US7358423	Inbred maize line ph87p	2008/4/15	90	玉米重要自交系 ph87p 的选育和应用
孟山都	US7459611	Plants and seeds of corn variety i286350	2008/12/2	90	玉米品种 i286350 的选育和应用

六、小结

（1）作物育种领域专利申请量呈逐年上升态势，近 10 年进入快速发展阶段。作物育种领域近 50 年来的发展可分为萌芽期、成长期和发展期 3 个阶段：1966—1987 年，该领域专利申请数量较少，发展缓慢；1988—2004 年，呈现螺旋式上升的发展态势；2005 年以后，作物育种领域的专利数量快速增长，进入快速发展阶段，平均年增幅达到 13.5%。近 3 年该领域专利申请量占总申请量的 30%，可见该领域研究非常活跃，在未来一段时间内还将呈快速增长趋势。

（2）美国和我国是该领域主要专利申请国，专利申请量远超其他国家。近 10 年美国增长势头减缓，我国发展势头强劲，近 3 年的专利数量占 10 年总量的 55.3%，在专利申请量排名前 10 的国家中比例最高，反映出我国作物育种领域的研究非常活跃。在专利相对影响力方面，美国的专利数量和篇均被引次数均高于平均值，在该领域处于技术引领的地位。我国研究规模较大，具备发展潜力，影响力有待提升。

（3）跨国企业是作物育种领域的主要研发力量，在排名前 10 的专利权人中，孟山都是高专利申请量、高篇均被引频次的行业领军企业；斯泰种业、陶氏益农和巴斯夫虽然相对专利申请量有限，但专利影响力较高，是该领域的技术实力派；杜邦公司在该领域研究活跃度较高，有较大发展潜力。我国在该领域专利数量上位居前列的机构均是研究机构和高校，包括中国农业科学院、中国科学院、南京农业大学和华中农业大学等。在专利战略布局方面，国际企业都非常重视在全球的专利布局，我国机构的专利布局主要在国内，国际布局较弱。

（4）作物育种领域专利强度排名前10位的专利涉及重要玉米自交系、玉米品种及其种子选育及应用方法、核酸片段定向插入方法、植物脱饱和酶成分和应用、改变植物蛋白质二硫化状态方法、植物基因修饰研究、多结构域晶体蛋白杀虫的方法和应用、向日葵自交系选育等方面。

第　四　章
作物育种关键技术辨析与发展趋势预见

综合利用技术高频词、德温特手工代码（MC）、专利地图和共被引聚类 4 种方法，从多个维度对作物育种技术热点进行分析（图 4-1），以保障分析的科学性和全面性。

一、技术高频词统计分析

词频分析法是以文献的篇名词、关键词的词频统计为基础，解释文献集合内容的总体特征，发现学科领域的发展脉络与发展方向的一种情报分析方法。该方法可以用来分析学科领域的发展情况、研究热点以及演变趋势。本次分析首先通过 TDA 抽取标题关键词，经过数据清洗后，按照词频数量进行排序和统计，遴选出高频词，开展作物育种领域技术热点的研究。

对作物育种技术关键词按照频率高低进行排序（表 4-1），从频次上看超过 1 000 次以上的词有 2 个，分别为“转基因植物”和“核酸序列”；超过 500 次的主题词有 6 个，分别为“引物”“基因”“抗性改良”“氨基酸序列”“序列”“表达载体”。从育种技术上看，出现频次较高的词有“转基因”“杂交”“分子标记”“组织培养”等。从育种目标上看，频次较高的主题依次为“抗性改良”“产量性状”“抗旱”“除草剂抗性”“抗病性”“耐盐性”“油”“抗虫性”“雄性不育”等。从研究内容上看，大多数高频词都与转基因技术相关，如“转基因植物”“表达载体”“启动子”“愈伤组织”“幼胚”“农杆菌介导法”等。从时间分布上看（图 4-2），“转基因植物”和“核

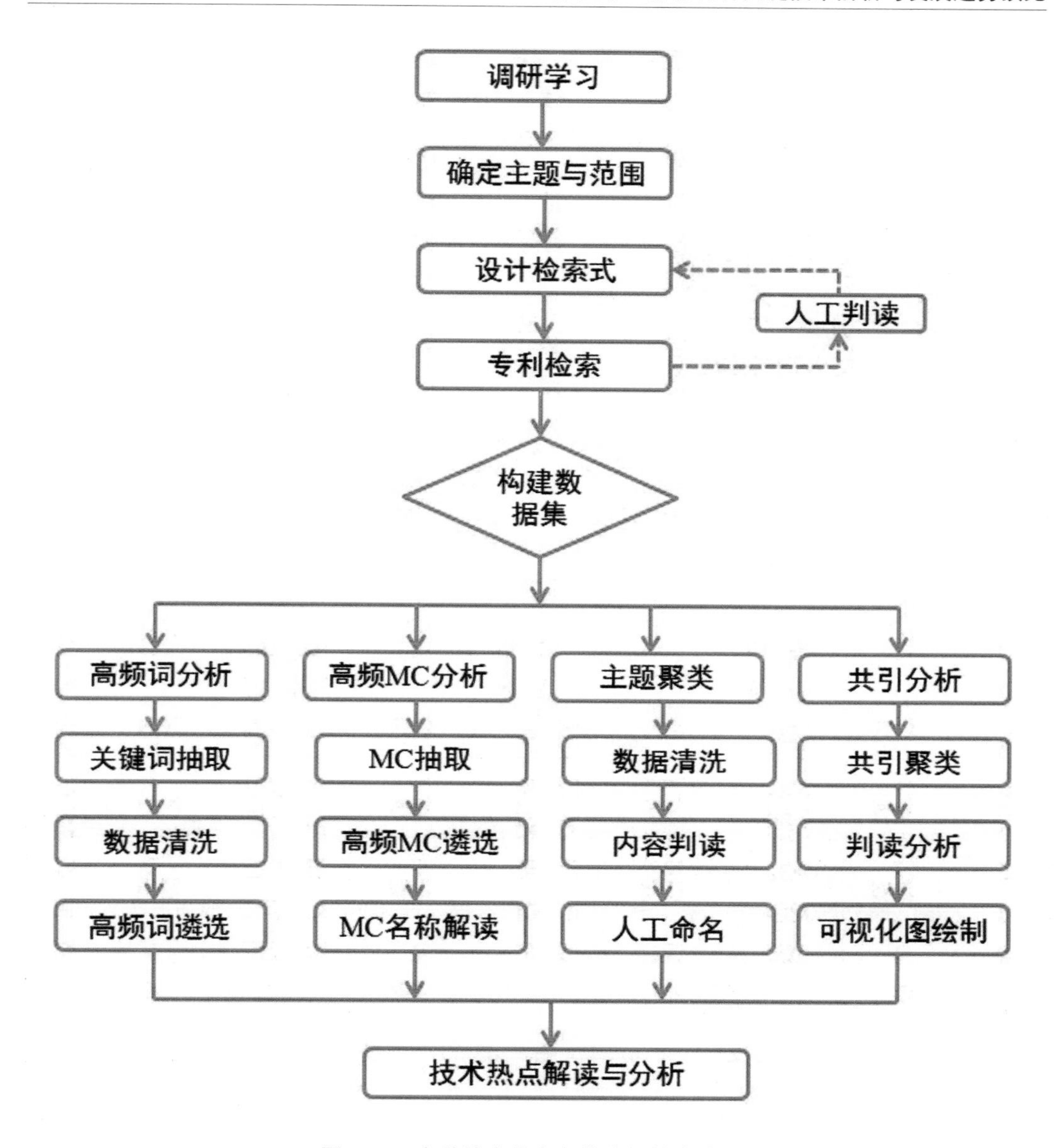

图 4-1　育种技术热点多维分析技术路线

酸序列”等主题近年来出现频次呈现出波动增长趋势，并且一直是这个领域的研究热点；“引物”关键词在 2013 年后出现频次陡然上升，说明围绕该主题的相关研究是近期及未来的一个研究热点。

表 4-1　作物育种领域排名前 30 位的高频词分布情况

排名	名称	频次	排名	名称	频次
1	转基因植物	1558	16	PCR	256
2	核酸序列	1380	17	分子标记	222
3	引物	754	18	基因组	180
4	基因	677	19	外植体	141
5	抗性改良	634	20	除草剂抗性	136
6	氨基酸序列	544	21	抗病性	120
7	DNA	527	22	愈伤组织	107
8	表达载体	518	23	耐盐性	106
9	蛋白质	458	24	探针	90
10	产量性状	409	25	油	89
11	提高表达	402	26	抗虫性	80
12	培养基	303	27	雄性不育	74
13	杂交种	300	28	幼胚	69
14	启动子	280	29	组织培养	66
15	抗旱	269	30	农杆菌介导法	58

时间	转基因植物	核酸序列	引物	基因	抗性改良	氨基酸序列	DNA	表达载体	蛋白质	产量性状
2015	72	46	48	17	29	13	20	29	10	16
2014	214	193	176	80	86	90	80	86	39	52
2013	165	196	160	70	64	95	72	62	50	57
2012	166	196	88	91	71	81	62	59	72	40
2011	238	132	78	94	69	69	69	68	62	51
2010	188	134	89	88	58	46	52	60	46	41
2009	132	107	42	38	66	38	28	43	31	44
2008	155	116	27	57	62	38	39	32	53	42
2007	77	97	14	52	51	29	29	24	26	29
2006	65	66	19	49	43	21	27	33	33	17
2005	80	87	10	35	31	24	49	21	32	19

图 4-2　高频词随时间的分布情况

二、德温特手工代码（MC）分析

手工代码是德温特专利数据库的一大特色。它由德温特的标引人员分配给每个专利至少一个相对应的手工代码，以反映专利的核心内容和创新之处。对作物育种技术专利手工代码按照频率高低进行排序（表 4-2），其中，“基因序列”和“转基因植物”两项技术位居前列，出现次数均超过 5 000。从技术类别上看，转基因技术、核酸检测技术、组织培养技术等是当前的研究热点。从育种目标上看，植物生长调控、抗逆、抗虫、抗除草剂、饲料用途等是目前研究较多的重要农艺性状。从时间分布上看，“基因序列”主题近年来总体呈现出迅猛增长趋势；“转基因植物”“载体”等主题一直稳步增长；而“测试与检测”技术则在最近3年增长较快（图4-3）。

表4-2　育种技术领域MC频次分布情况

排名	名称	中文解释	频次	排名	名称	中文解释	频次
1	C04-E99	基因序列	6 178	16	D05-H14B3	重组植物细胞	1 812
2	D05-H16B	转基因植物	5 465	17	C04-E02	改变的DNA编码序列	1 790
3	C04-E08	载体	4 436	18	C04-F0100E	细胞转化体等	1 728
4	D05-H09	测试与检测	3 677	19	C14-U04	抗虫	1 694
5	D05-H12A	野生型编码序列	3 208	20	C04-E03	其他编码序列	1 688
6	C12-K04F	核酸杂交检测	2 885	21	C11-C08E3	酶过程	1 680
7	C04-E05	引物/探针	2 519	22	C04-A09F0E	转基因种子	1 591
8	C04-F0800E	转基因藻类	2 476	23	C04-C01G	多肽	1 427
9	C12-K04D	植物病害检测	2 463	24	C04-E04	启动子	943
10	D05-H08	组织培养	2 433	25	D05-H12	DNA	913
11	C14-U01	植物生长调控	2 347	26	D05-H18	基因工程技术	718
12	C04-E03F	编码蛋白或多肽	2 171	27	D05-H12D5	转录	691
13	D05-H18B	DNA扩增方法	2 147	28	C14-U03	抗除草剂	659
14	C14-U05	抗逆	2 108	29	C04-A99	杂交植株	484
15	C04-E01	核酸	2 071	30	D03-G04	植物源饲料	277

时间	基因序列	转基因植物	载体	测试与检测	野生型编码序列	核酸杂交检测	引物/探针	转基因藻类	植物病害检测	组织培养
2015	404	257	202	179	101	150	149	108	158	129
2014	1225	616	584	525	352	466	429	239	454	387
2013	1181	560	543	503	369	462	399	243	421	347
2012	1079	551	561	405	359	377	351	219	348	292
2011	1031	628	574	364	372	319	293	292	280	252
2010	764	551	435	397	269	284	255	253	225	237
2009	385	458	345	288	239	203	176	205	199	181
2008	97	475	353	259	247	199	149	252	147	184
2007	12	466	324	255	293	174	129	234	98	113
2006		425	241	226	272	114	96	190	72	121
2005		430	250	214	297	106	67	221	42	153

图4-3　MC频次年代分布情况

三、基于专利地图的热点分析

利用 TI 专利地图分析作物育种近 3 年技术热点分布情况（图 4–4），可以看出，当前作物育种技术的研发主要集中在组织培养（培养基、生根、成苗）；重要分子标记应用（引物序列、序列编号、DNA 扩增分型反应）；玉米关键基因突变和抗氧化研究；重要玉米重组自交系、杂交种选育及其遗传表型；大豆品种表型特征（早出苗、抗倒伏）；水稻重要亲本、自交系选育；关键氨基酸序列等方面。其次集中在有关大麦、土豆、番茄的相关研究；畜牧及饲料原材料方面；重要遗传转化载体和重组表达；转基因植株研究；遗传标记和保守位点信息；病毒干扰研究；矮生性状等方面。

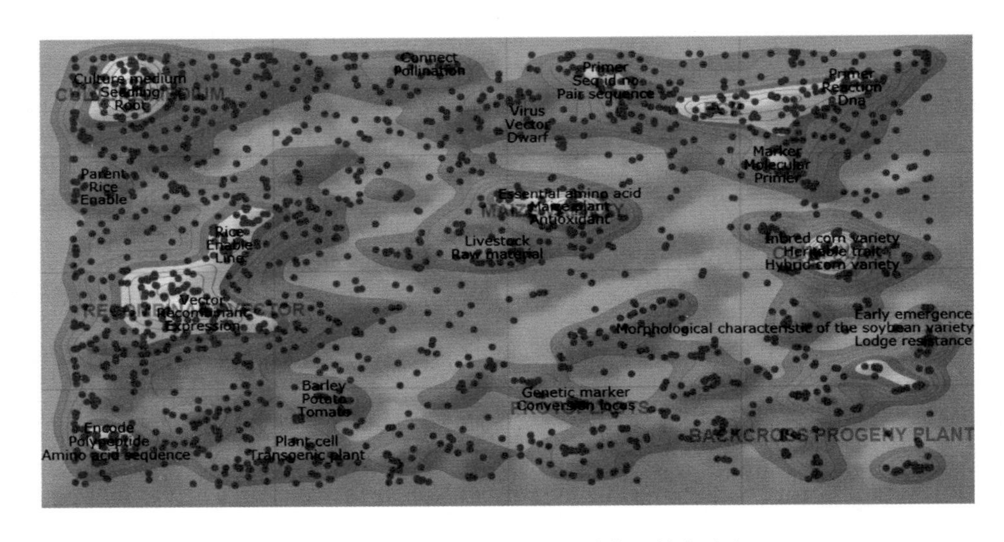

图 4–4　世界作物育种领域相关专利热点分布

利用 TI 专利地图分析我国作物育种近 3 年相关技术研发热点分布情况（图 4–5），可以看出，当前我国作物育种的研发主要集中在重要引物及检测方法；关键 DNA/RNA 及扩增方法；分子标记育种方面；雄 / 雌性亲本选育；组织培养培养基研究；转基因、基因表达、启动子等分子生物学研究方面。其次集中在重要溶液成分分析；液体培养和农杆菌应用；水稻转基因相关载体和培养基；重要核酸、编码氨基酸信息；水稻抗病研究；杂交种；水稻种子；甘蓝、白菜、甘蓝白菜种子等方面。

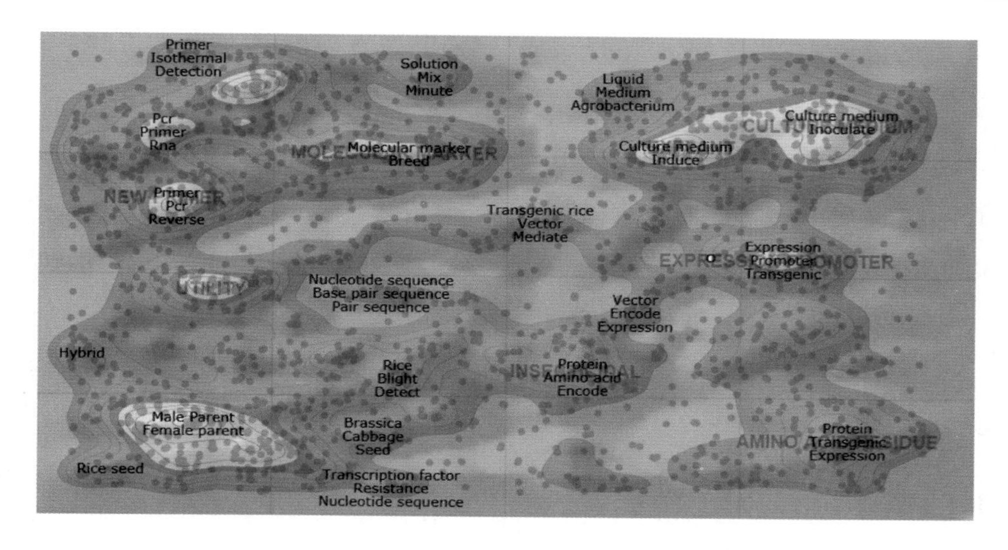

图 4-5　我国作物育种领域相关专利热点分布

四、基于共引的主题分析

对专利文献进行共被引聚类，共得到 309 个专利簇。对其中的聚类文献数量进一步统计表明，专利数量为两项的聚类簇共有 194 个，占比超过 60%；专利数量大于 10 项以上的聚类簇共 21 个，占比约为 7%（图 4-6）。

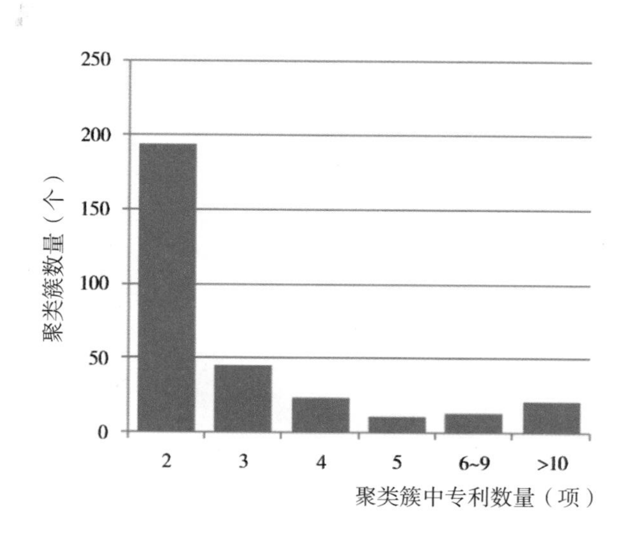

图 4-6　作物育种聚类簇中专利数量分布情况

对309个聚类簇之间主题的亲疏关系分析表明，76个簇为孤立簇，剩余的簇大致可分成两大类（图4-7）。其中，一小类数量较少，包括了11个簇，主要涉及了植物组织培养技术相关的研究，如草莓快繁技术与培养基成分、大豆组织培养、水稻胚培养、马铃薯茎尖脱毒技术等。另一大类数量较多，共包括222个簇，占比为71.8%，主要描述了核酸、转基因技术相关的研究。该类主题以核酸或转基因技术为基础，涉及了表达载体、品质（油分、淀粉）、产量、生长发育、抗除草剂、抗病虫等方面。其中，表达载体的研究主要集中在启动子等调控元件和目的基因的分离与构建；品质相关性状的研究涉及了脂肪酸、淀粉和糖类代谢途径调控相关基因的克隆及转基因植株的创制；产量性状的研究包括了产量性状调控相关的转录因子/启动子等的克隆、抗逆相关核酸的分离及转基因植株的创制；生长发育相关研究涉及了调控营养生长、育性、花期等方面的方法和技术；抗除草剂的研究涉及了乙酰乳酸合成酶大亚基（AHASL）、原卟啉氧化酶、5-烯醇丙酮莽草酸-3-磷酸合酶（EPSP）、草

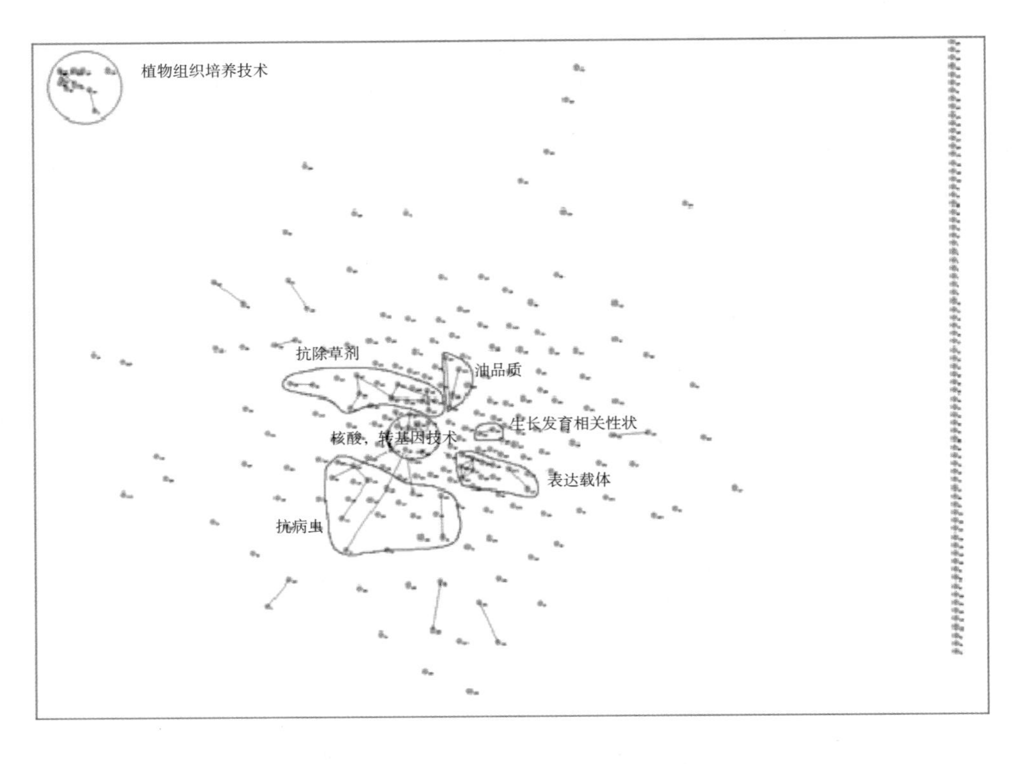

图4-7　2005—2015年作物育种技术研究热点主题

甘膦N-乙酰转移酶（GAT）、激素类除草剂等不同类型的除草剂抗性基因及相关转基因植株创制；抗病虫性状的研究内容包括了抗真菌病害（如稻瘟病）、抗细菌性病害、抗病毒性病害、抗线虫等类型病害的基因及编码杀虫剂蛋白（CRY1）基因的克隆和转基因植株创制。

五、关键技术遴选与发展趋势预见

关键技术是对整个技术创新活动有着重大推动作用的技术，它包括了核心技术、瓶颈技术和战略技术等。因此，关键技术的分析和识别已经成为政府管理部门和企业研发人员所面临的一个重要课题。

专利是技术创新的最终成果和表现形式之一，是当今时代最重要的技术文献和知识宝库。虽然并非所有关键技术都申请专利保护，部分技术以保密的方式进行保护（如可口可乐秘方），但是绝大部分技术领域的重要专利都能代表该行业的关键技术动向。同样，关键技术的技术要点属性可以通过其申请的核心专利反映出来。因此，基于专利文献分析的客观评价方法，已经成为关键技术分析的重要研究方法。

为了从众多作物育种专利中寻找出这些能表征关键技术的专利簇，本研究构建了基于专利信息属性的指标识别方法。从专利质量（被引频次）和专利活动（专利申请量）两个维度对上述主题聚类中文本数量大于10的专利聚类簇进行分析，以反映出各技术的相对研究规模和影响力。其中，第一象限技术的专利质量高且专利活动频繁，是该领域的关键技术；第二象限技术专利质量高，但专利活动尚未进入活跃期，可能在未来具有较大潜力，值得关注（图4-8）。

专利聚类簇303、304、305、306、309分布在第一象限，分别命名为“抗性相关核酸分离及应用”“转基因植株的创制方法体系”“油脂代谢相关核酸的分离”“生长发育相关的核酸分离及应用”和“种子取样与植物遗传转化技术”，这些技术专利申请量大且质量高，是目前作物育种领域的关键技术。300和308落入第二象限，分别命名为“淀粉品质相关核酸的分离”和“调控植物细胞壁表达的核酸分离”，这些技术目前专利活动还不是很活跃，但技术价值较高，未来发展潜力较大（表4-3）。

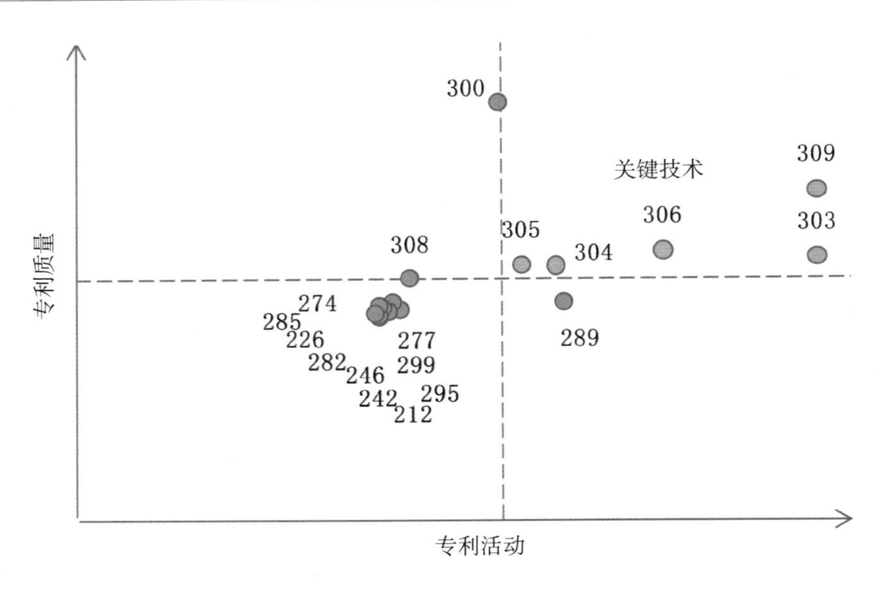

图 4-8 作物育种领域关键技术识别

表 4-3 作物育种领域排名靠前的技术命名

	编号	命名
关键技术	303	抗性相关核酸分离及应用
	309	转基因植株的创制方法体系
	306	油脂代谢相关核酸的分离
	304	生长发育相关的核酸分离及应用
	305	种子取样、植物遗传转化技术
潜力技术	300	淀粉品质相关核酸的分离
	308	调控植物细胞壁表达的核酸分离
其他重要技术	289	高产相关的核酸分离及育种方法
	274	微小染色体技术
	285	抗虫蛋白及其应用
	226	受体蛋白激酶基因分离及应用
	282	利用 RNA 技术抗虫
	246	杂交水稻制备方法
	242	植物杂交育种技术
	212	玉米雄性不育技术 MS26 基因及其应用
	295	特异启动子的克隆
	299	外源基因定向插入技术
	277	大豆启动子元件克隆及其应用

对遴选的5项关键技术进一步分析（表4-5）。从技术内容上看，其中，303、306和304这3项技术涉及了抗性、油脂、生长发育等重要农艺性状基因的分离和应用；309和305这2项技术均涉及了转基因技术如转基因植株创制和其中的遗传转化体系环节。从专利数量上看，“抗性相关核酸分离及应用”和“转基因植株的创制方法体系”2项技术专利申请数量最多，分别为113项；“种子取样、植物遗传转化技术”方面的技术专利申请数量较少，为44项。从被引频次上看，“转基因植株的创制方法体系”位居前列，为3 176次，其余技术的被引频次均低于2 000次。从专利申请时间上看，除了“油脂代谢相关核酸的分离”平均申请时间较早外，其余技术申请均在2007—2008年。综上所述，抗病虫害、抗逆、油脂、高产等重要农艺性状基因挖掘和转基因技术是目前作物育种领域的研究热点。

表4-4　作物育种领域关键技术情况分析

编号	命名	专利量（项）	被引频次	平均申请年
303	抗性相关核酸分离及应用	113	1 492	2008.1
309	转基因植株的创制方法体系	113	3 176	2008.6
306	油脂代谢相关核酸的分离	77	1 672	2005.4
304	生长发育相关的核酸分离及应用	52	1 299	2008.1
305	种子取样、植物遗传转化技术	44	1 324	2007.4

1. 关键技术评价

本研究从技术先进性、技术重要度、技术跨度以及技术活跃度等方面对遴选出的关键技术进行了评价（表4-5）。其中，跨国公司的研发动向一直是作物育种领域前沿风向标，因此，技术先进性的评价以六大跨国公司（孟山都、杜邦、先正达、拜耳、陶氏益农、巴斯夫）专利累积总和占比来表示；技术重要度以能够表征技术重要性或价值的指标（专利强度）和表征市场价值的指标（同族专利数量）等多个指标进行评估；技术跨度利用德温特手工代码（MC）的类型来测度，如果某项技术涉及的MC类型越多，说明该技术的跨领域应用范围越广；技术活跃度基准年为2013年，其中，技术活跃度值越小，则表示技术活跃时间离当前时间越近，技术近期越活跃，同时，辅以近3年专利申请数量占比作为验证。

表 4-5　各关键技术 / 领域评价情况

名称	技术先进性	技术重要度	平均同族专利数	技术跨度	技术活跃度	近 3 年占比（%）
	六大跨国公司占比（%）	平均专利强度		平均 MC 种类	活跃度	
抗性相关核酸分离及应用	88.9	18.5	9.2	0.25	1.5	11.5
转基因植株的创制方法体系	92.7	33.9	10.3	0.24	0.5	22.5
油脂代谢相关核酸的分离	57.8	35.8	8.8	0.52	2	14.3
生长发育相关的核酸分离及应用	23.5	32.8	7.6	0.39	3	17.4
种子取样、植物遗传转化技术	78.9	40.7	9.5	0.38	1.5	9

从技术先进性看，除了“生长发育相关的核酸分离及应用”技术外，其余四项技术的集中度比值超过 50% 以上，这些关键技术基本上都掌握在一些国外种业公司或大型跨国公司手中，如拜耳、孟山都、巴斯夫、陶氏益农、CERES、EVOGENE、日本烟草公司等。同时，也从一个侧面说明跨国公司非常重视相关技术的研发活动并掌握和引领了这些关键技术的发展。其中，美国是这 5 项技术中最具有领先优势的国家，欧洲、澳大利亚和日本等国家 / 地区在这些技术领域也具有一定的优势（图 4-9）。

从技术重要度来看，转基因技术是作物育种领域中一项重要的技术。其中，“植物遗传转化体系”的平均专利强度最高，近 40%；“转基因植株的创制方法体系”的平均同族专利数最多，达到 10 件以上。

从技术跨度来看，各项关键技术近年来发展活跃，并且相关研究涉及了多个学科。其中，涉及学科类别最多的为“油脂代谢相关核酸的分离”技术，其涵盖了食品科学与工程、分子生物学、遗传学、农业化学、微生物学等多个学科的多种方法和技术。

从活跃度上看，这些技术领域的研发活动均较为活跃。其中，“转基因植株的创制方法体系”近年来表现最为活跃，近 3 年的专利申请数量占比最高，为 22.5%。

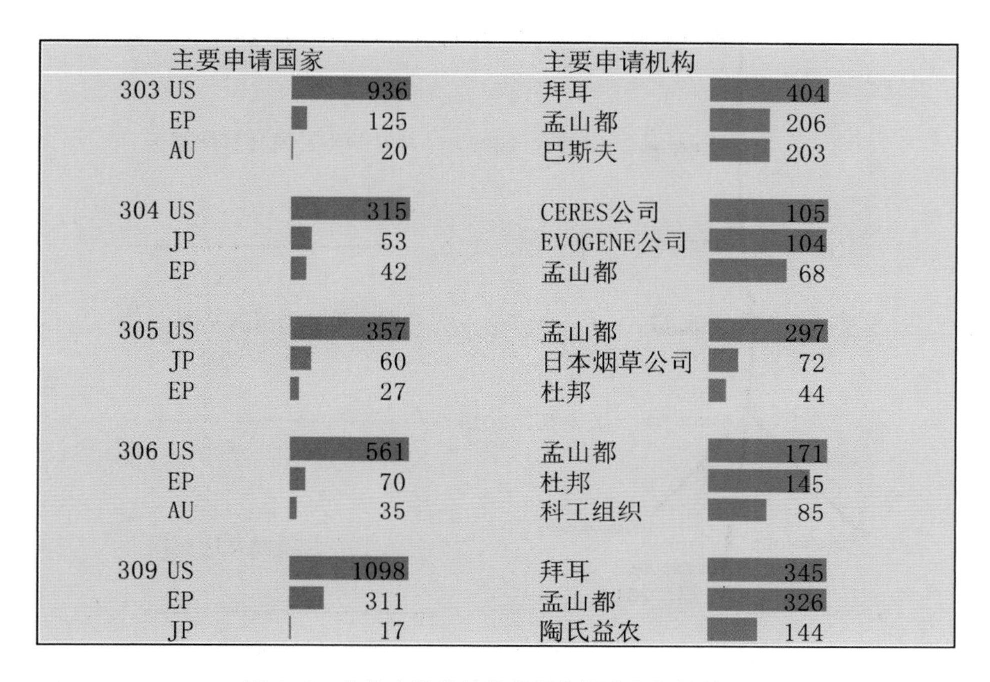

图 4-9　作物育种关键技术领先国家和机构情况

2. 技术发展路径分析

主路径分析方法是指从引文网络中提取并分析一些起中心作用的节点，这些节点之间的连接代表了所分析技术领域发展的主要研究内容的变迁。本部分利用主路径分析方法对各关键技术的发展变化进行了分析（图 4-10 至图 4-14）。

从发展路径看，各关键技术随时间的变化不断地在拓展研究内容与应用范围。例如，“抗性相关核酸分离及应用”技术经历了从除草剂基因（草甘膦 N-乙酰转移酶基因、麦草畏单加氧酶基因）克隆到除草剂基因在转基因细胞筛选和杂草控制等方面应用的过程；“转基因植株的创制方法体系”技术则揭示了不同类型的转基因除草剂植株（如抗麦草畏、抗生长素类除草剂等）创制过程；“油脂代谢相关核酸的分离”技术涉及了氮响应启动子到藻类生产可再生油的应用；“生长发育相关的核酸分离及应用”技术则涉及了不同农艺性状的核酸分离，从纤维到产量农艺性状的研发路径的转变；“种子取样、植物遗传转化技术”则反映了从手拿式取样器到自动化高通量取样器的发展过程。

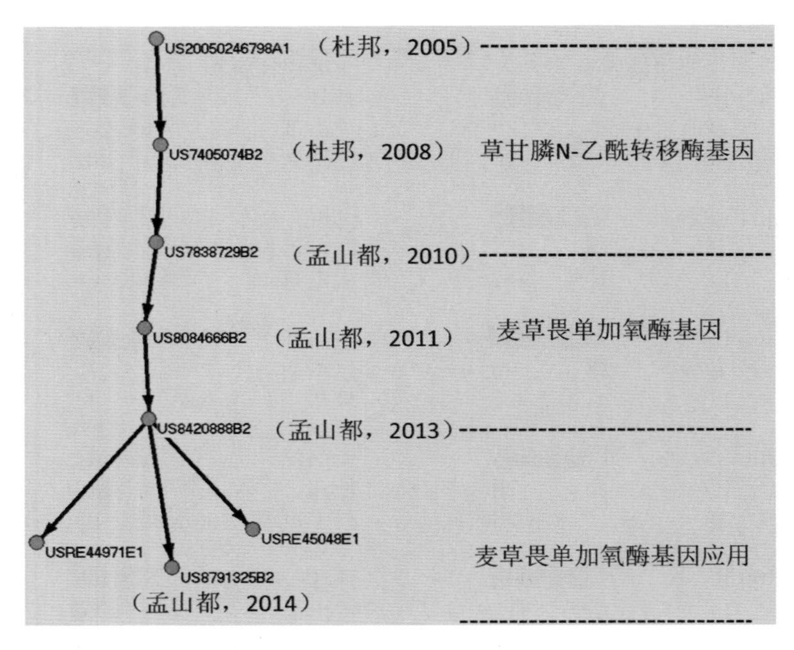

图 4-10 “抗性相关核酸分离及应用”技术领域主路径引用网络

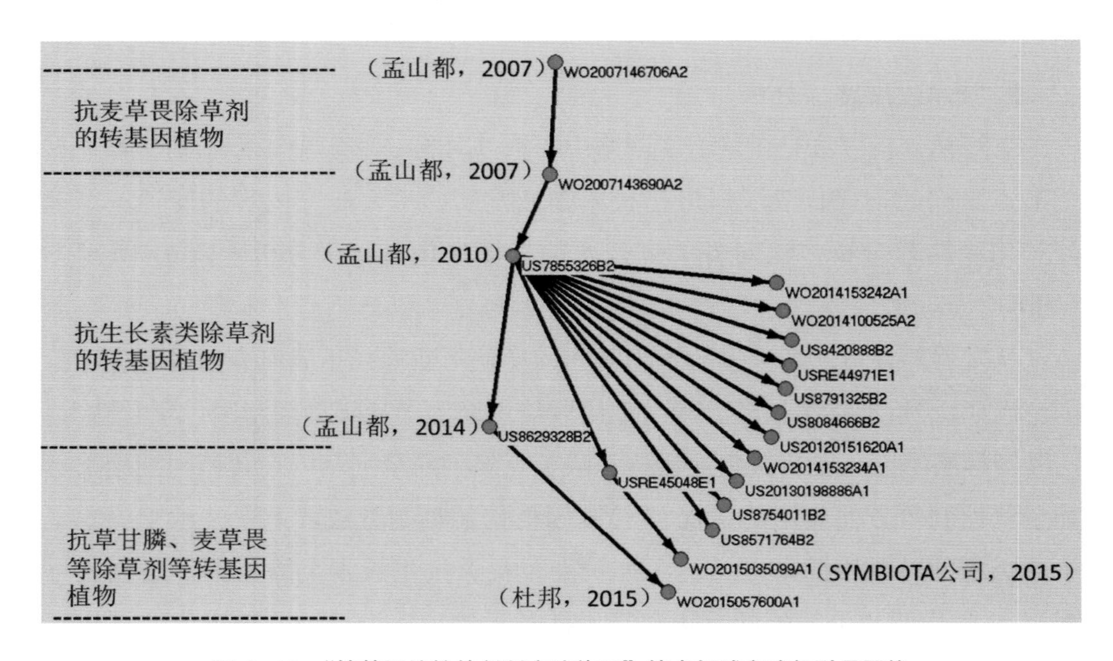

图 4-11 “转基因植株的创制方法体系”技术领域主路径引用网络

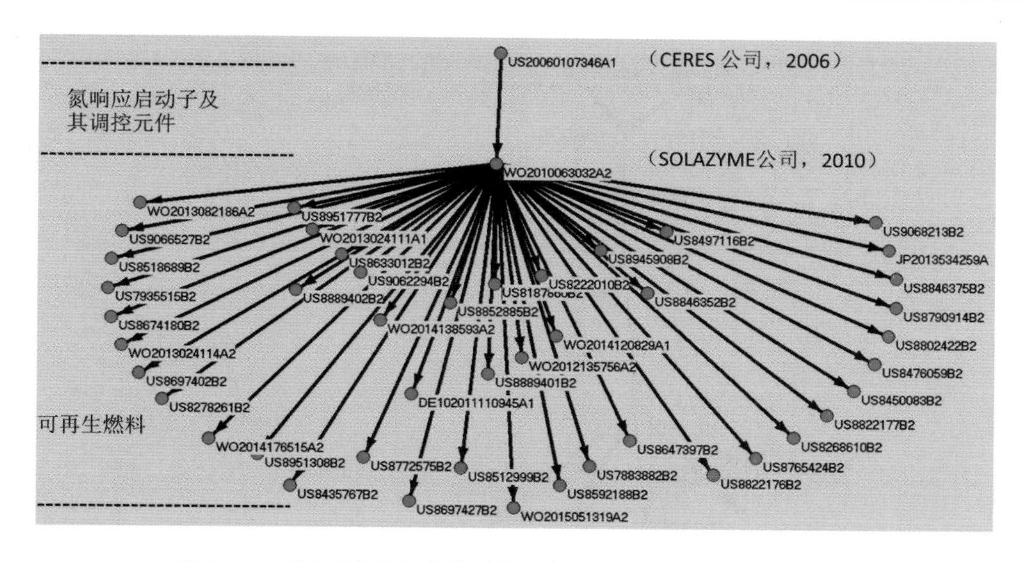

图 4-12　“油脂代谢相关核酸的分离”技术领域主路径引用网络

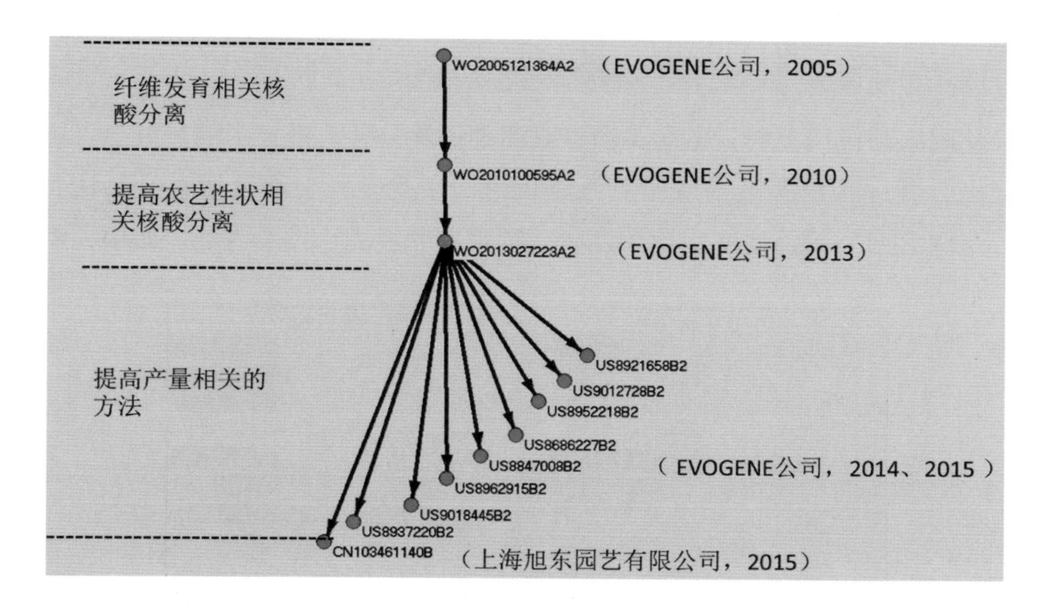

图 4-13　“生长发育相关的核酸分离及应用”技术领域主路径引用网络

从路径分支来看，“转基因植株的创制方法体系”、“油脂代谢相关核酸的分离”和“生长发育相关的核酸分离及应用”3 项技术发展方向较多，发展劲头足，未来较有发展潜力，例如，“油脂代谢相关核酸的分离”技术领域从作物育种领域延伸至生物能源领域。而“抗性相关核酸分离及应用”和“种子取样、植物遗传转化技术”发展路径分支少，近期方向较少，说明这 2 项技术目

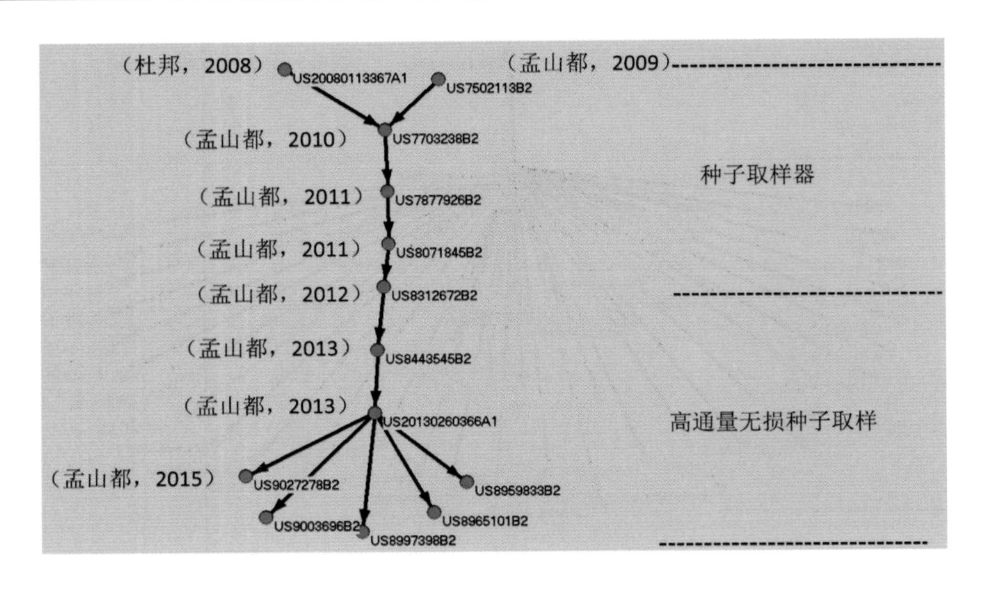

图 4-14 “种子取样、植物遗传转化技术”技术领域主路径引用网络

前发展已较为成熟。

从国家和机构上看，目前美国、欧洲等仍然是各关键技术的研发热点国家和地区，我国在这些技术方向上跟进较快，相关专利申请数量上升较快。此外，跨国大型公司仍是这些技术领域后续跟进的主力（图 4-15）。其中，孟山

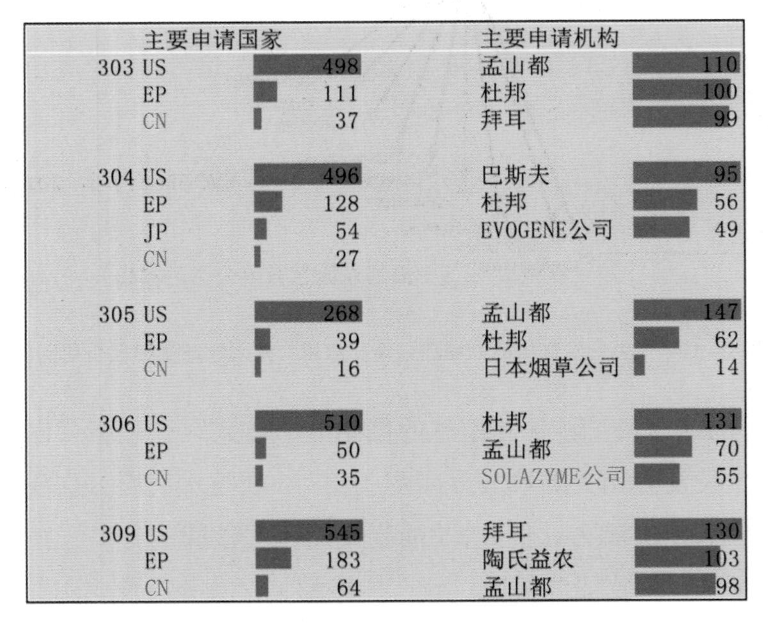

图 4-15 作物育种关键技术跟进国家和机构情况

都和杜邦等大型跨国公司掌控了“抗性相关核酸分离及应用”“转基因植株的创制方法体系”和“种子取样、植物遗传转化技术”这 3 项技术的关键节点专利，EVOGENE 公司在“生长发育相关的核酸分离及应用”的领域实力也不容小觑。这些均从侧面说明了大型农业跨国公司在作物育种领域的研发起主导作用，并引领了这些领域的发展。另外，研究结果还揭示了藻类燃料竞争领域的领头羊 SOLAZYME 新能源公司近年来在“油脂代谢相关核酸的分离”技术领域迅速发展，推动油脂相关研究从种业拓展到能源领域。

六、结论

（1）通过高频词、德温特手工代码（MC）、专利地图和共被引聚类等 4 种分析方法的结果均表明，重要农艺性状的基因挖掘及转基因技术是作物育种领域目前的研究热点，其中，重要农艺性状包括抗逆、抗病虫害、产量、油分、淀粉等；转基因技术领域涉及了表达载体构建、遗传转化方法、外植体筛选、转基因植株制备和鉴定等一系列相关过程。

（2）基于专利信息属性的指标识别方法，本研究筛选出 5 项作物育种领域的关键技术，分别为“抗性相关核酸分离及应用”“转基因植株的创制方法体系”“油脂代谢相关核酸的分离”“生长发育相关的核酸分离及应用”和“种子取样、植物遗传转化技术”。美、日、欧等国家和地区在这些技术领域具有较强优势，跨国公司非常重视相关技术的研发活动，掌握了作物育种领域关键技术，并引领着技术的发展。

（3）对关键技术发展路径分析表明，“转基因植株的创制方法体系”“油脂代谢相关核酸的分离”和“生长发育相关的核酸分离及应用” 3 项技术发展方向较多，未来较有潜力；“抗性相关核酸分离及应用”和“种子取样、植物遗传转化技术”2 项技术发展已较为成熟并且被大公司所掌控。美国、欧洲目前是关键技术后续研发的热点国家 / 地区，我国在快速跟进。

第　五　章
我国作物育种发展概况

一、我国种业发展历程

我国种业发展大致经历了 4 个阶段，分别是计划性阶段、双轨制阶段、市场化阶段和加速发展阶段。

第一阶段（新中国成立后至 20 世纪 80 年代初），种子行业的管理体制是完全的计划管理体制，科研、繁种、推广和经营 4 个环节相互割裂，不利于种子行业的发展。

第二阶段（20 世纪 80—90 年代末），国家开始实施“种子工程”，种子行业向市场化过渡，行业的各个环节开始融合，出现了能够覆盖制种、加工、推广和销售等多环节的种子公司，但是市场上各类种子公司良莠不齐，贩卖假种劣种、坑农害农的现象时有发生，阻碍了行业的健康发展。

第三阶段（2001—2009 年），种子行业开始真正进入市场化的阶段，《种子法》对种子公司的经营范围、注册资本、种子品种审定、注册和登记、品种保护等都做了详细的规定。我国种子行业开始进入整合期，少数实力企业通过强势整合开始逐步壮大。

第四阶段（2010 年至今），2010 年中共中央国务院一号文件把种子行业发展提到国家战略高度。2011 年随着《国务院关于加快推进现代农作物种业发展的意见》出台，种子企业作为商业化育种体系核心的地位得到明确，行业准入门槛大幅提高，在国家政策鼓励和支持下，育繁推一体化大型企业进行兼并重组，种业集中度提高，种子行业迎来了高速发展期。

二、我国种业相关政策梳理

鉴于种业对我国粮食安全和农业发展的重要作用，近年来，国家相继发布了一系列政策，用以推动我国种业的发展，应对全球化竞争的挑战。

1. 将种业确立为国家基础性、战略性核心产业

《国务院关于加快推进现代农作物种业发展的意见（国发〔2011〕8 号）》、《全国现代农作物种业发展规划（2012—2020 年）（国办发〔2012〕59 号）》等文件，将现代种业定位为国家基础性、战略性核心产业。

2. 推进种业体制改革，实现种业跨越式发展

《深化种业体制改革提高创新能力的意见（国办发〔2013〕109 号）》和农业部于 2015 年、2016 年相继颁布的《关于加快推进种业“事企脱钩”的通知》、《推进种业体制改革，加快育制种基地建设》的通知等文件，提出了种业体制改革的方向和要求，即国家支持科研院所和高等院校重点开展基础性、前沿性和公益性研究；坚持基础性科研与商业化育种合理分工，强化企业创新主体地位，鼓励企业利用公益性成果培育新品种；推进种业科企合作，建立产学研结合的研发创新体系，提升种业育繁推一体化水平。

3. 激励种业人才创新活动和向企业合理流动

近期，国家出台了一系列推进科技体制改革的相关文件，如：《关于深化科技体制改革加快国家创新体系建设的意见》、《关于深化体制机制改革加快实施创新驱动发展战略的若干意见》、《深化科技体制改革实施方案》、《关于深化种业体制改革提高创新能力的意见》等。其主要目的都是要解决制约科技创新的突出问题，完善人才管理体制机制、调动科技人员的积极性创造性，提高我国自主创新能力。

具体到种业人才激励机制上，国家发布了《关于开展种业科研成果机构与科研人员权益比例试点工作的通知》、《关于鼓励事业单位种业骨干科技人员到种子企业开展技术服务的指导意见》等文件。这些文件以激励种业科技创新、提升成果转化能力为主要目的，内容从收益分配改革扩展到权益分配改革，提出要依法“赋权、让利、交易、搞活”，充分体现了科研成果的利益分配开始

逐渐向科研人员倾斜。

4. 加大对种子企业的扶持力度，加快企业成为技术创新主体

2013 年 12 月，国务院办公厅下发《关于深化种业体制改革，提高创新能力的意见》。《意见》就强化企业技术创新主体地位、调动科研人员积极性、加强国家良种重大科研攻关和加强种子市场监管等多个方面提出要求。国家发展和改革委员会新增 3.7 亿元滚动支持 20 多家企业生物育种能力建设，支持中国种子集团等企业认定为国家企业技术中心。农业部会同相关部门组织企业研发人员出国进修和培训，支持 14 家企业设立院士工作站、博士后流动站。科技部启动农作物商业化育种研究示范项目，支持企业建立商业化育种模式。中国人民银行出台金融支持种业发展指导意见，会同银监会支持中国农业发展银行加大种子企业信贷支持。现代种业基金投资 3.5 亿元支持 10 家企业育种创新和兼并重组。保监会组织人保公司等保险机构开发制种保险产品，指导在海南、四川、河南等省地开展保险试点。吉林、宁夏、江苏、湖北、江西、四川、福建、广东、浙江、新疆等省（自治区）设立专项资金，重点支持育繁推一体化企业发展。

5. 推进育种制种基地建设，制种基地列入基本农田永久保护

2016 年 1 月，农业部下发《关于贯彻实施〈种子法〉全面推进依法治种的通知》。《通知》提出，以稳定基地、提升产能为目标，将优势制种基地划入基本农田永久保护，落实制种大县奖励、制种保险和农机补贴政策，加快推进育制种基地建设。农业部会同国家发展和改革委员会、财政部、国土资源部和海南省人民政府编制国家南繁科研育种基地（海南）建设规划，创新建设管理机制，拟将海南 26.8 万亩适宜南繁用地划入基本农田永久保护，实行用途管制，建设 5 万亩科研核心区和 5 000 亩生物育种专区。国家发展和改革委员会积极推进甘肃玉米、四川水稻国家级制种基地建设前期工作。财政部通过农业综合开发安排良种繁育项目 5.3 亿元，将制种大县纳入产量大县奖励范围，新增奖励资金 2 亿元。

三、我国种业发展现状分析

（一）种业科研取得的成就

改革开放特别是进入21世纪以来，我国农作物种业发展实现了由计划供种向市场化经营的根本性转变，取得了巨大成绩，为提高农业综合生产能力、保障农产品有效供给和促进农民增收作出了重要贡献，特别是为近年来实现粮食生产“十二连增”发挥了重要作用。“十二五”期间，我国现代种业发展成就显著。

1. 种业基础性研究取得突破性进展

“863”计划和农业科技支撑计划等支持作物育种的重大科研项目的实施，促进了我国育种理论和技术的长足进步。

（1）植物基因组学研究处于国际领先行列。目前，我国已完成水稻、小麦、棉花、大豆、玉米、黄瓜等重要农作物的全基因组测序工作，初步掌握了这些作物遗传基因的功能性状；植物功能基因组研究取得重要进展，攻克了基因克隆、转基因操作与生物安全评价等关键技术瓶颈，获得抗虫、抗除草剂、高产等具有重要育种价值的基因130个；分离克隆了一大批控制水稻高产、优质、抗逆和营养高效等重要农艺性状基因。

（2）种质资源保护体系初步形成。我国的农业基因资源发掘、保存和利用取得突破性成效，农作物种质资源保存量位居全球第二。已初步建立包括1个长期库、1个复份库、10个中期库和43个种质圃组成的国家作物种质资源保护体系。

（3）育种技术方法体系研究快速发展。系统选育、杂交育种、诱变育种、倍性育种、转基因育种和分子标记辅助选择等现代生物育种方法的研究和应用，提升了我国农作物的整体育种水平，加速了品种选育由表型选择向基因型选择、由形态选择向生理指标选择的转变，加快了育种进程，杂交水稻、转基因抗虫棉、双低油菜等部分技术领域居于世界前列。

（4）论文、专利等产出数量居世界前列。近年来，我国育种科学家在国际各大著名学术刊物发表了众多高水平的科技论文，以2014年为例，其中在26

种影响因子 4.0 以上的作物遗传育种领域期刊上发表论文共计 361 篇，在国际一流期刊 NATURE BIOTECHNOLOGY 和 NATURE GENETICS 上各发表 4 篇。据国际著名学术杂志《自然·遗传学》统计，目前该杂志中国学术论文发表数量在全球排名第四。

2014 年度，我国公开种业专利申请 4971 件，与 2013 年相比增加 1 850 件，增幅达 60%。其中，发明专利申请 2 989 件，占申请总量的 60.13%，同比增加 1 037 件；实用新型专利申请 1982 件，占申请总量的 39.87%，同比增加 813 件。2014 年度种业专利的申请量中，传统育种有 1 443 件，现代育种有 1 011 件，而种业加工有 3 406 件。在育种领域，发明专利的申请量占绝对优势，而在加工领域，实用新型专利的申请占主导地位。在公开的种业专利申请中，企业居首位，申请量占总量的 39.69%，高于教学科研单位和个人的申请量。而在获得授权的专利中，教学科研单位居首位，占授权专利总量的 40.68%。

2. 品种创新能力显著提升

（1）突破性新品种大量涌现。我国品种选育水平显著提升。成功培育并推广了超级杂交稻、紧凑型玉米、优质专用小麦、转基因抗虫棉、“双低”油菜等一大批突破性优良品种，主要农作物良种覆盖率提高到 96%，良种在农业增产中的贡献率达到 43% 以上。以京科 968、隆平 206、济麦 22、百农 AK58 等为代表的玉米和小麦品种，种植面积超过 1 000 万亩；培育推广了 Y 两优 1 号、登海 605 等亩产潜力过 1 000kg 的水稻和玉米品种，涌现了京农科 728、联创 808、宇玉 30、德育 919 等一批适合机械化的优良新品种。

（2）新品种保护年度申请量创历史新高。“十二五”期间年均申请新品种保护 1 450 件，较“十一五”年均增长 52%，其中，企业申请增长 120%；2015 年申请量突破 2 000 件，位居世界第二。

（3）国产品种主导地位进一步巩固。国外品种市场份额呈下降趋势，水稻、小麦、大豆、油菜全部为自主选育品种，转基因抗虫棉品种国产化率达 95% 以上，蔬菜自主选育品种占 87% 以上，玉米自主选育品种占 85% 以上；京科 968、隆平 206 等国产玉米品种种植面积逐年扩大，一批可替代先玉 335 的苗头性品种增长势头强劲，遏制了国外品种快速增长的势头，做到了中国粮主要用中国种。

3. 种子基地建设取得突破性进展

种子生产基地建设步伐加快，农业部已分别认定了31个和26个市县为国家级杂交水稻和杂交玉米种子生产基地。以海南、甘肃、四川三大国家级育制种基地为重点，带动种子基地逐步向优势区集中。

（1）基地生产条件不断改善。以张掖基地为例，基地配套设施不断完善，精量播种、膜下滴灌、水肥一体化制种面积占到80%以上，综合机械化水平超过60%，集中连片规模化制种达到30多万亩，规模化、机械化、标准化、集约化基地初具规模，种子质量普遍超过国家标准。

（2）种子加工水平显著提升。截至2015年，甘肃省玉米制种基地共建成果穗烘干线115条、籽粒烘干线102条，较2011年分别增加65条、22条，加工能力在6亿kg以上，基本实现了适时收获、快速加工、及时上市，告别了过去种子收获晚、脱水慢、质量看老天的局面。

（3）种子质量稳步提高。主要农作物种子抽查合格率每年都保持在97%以上，企业抽查合格率稳定在98%以上，供种数量质量有保证；吉林、黑龙江、内蒙古、山东、河南5省玉米单粒播面积由5年前不足0.8亿亩，迅速增长到2015年2.5亿亩以上。

（二）我国种子市场发展概况

我国是一个农业大国，更是一个种业大国。我国种业市场规模位居世界前列，且增长较快。历史上我国种业进入门槛比较低，地方保护较为严重，科研育种和市场推广脱节，知识产权保护相对薄弱，种业市场普遍存在无序、低质竞争状况。随着《种子法》等一系列法律法规及支持性的产业政策的推出，我国种业逐步走上了良性发展的轨道。优势种子公司正在努力加大自主知识产权品种研发力度、培育高质优价种子、提高加工技术水平、完善销售服务，同时，加强国际合作，不断提高产业化程度，部分优势企业也逐步形成了育繁销一体化的经营模式。

目前，我国商品种子国内市场销售额已经超过700亿元人民币，居世界第二位。我国现在种粮价格比为1∶2至1∶8，而国际市场种粮比为

1∶15~1∶25，同时，我国种子商品化率只有30%~40%，而国际上种子商品化率平均可达70%，发达国家更高达90%以上，因此，我国种子市场的上升空间很大。

2009年我国种子市场规模约418亿元，到2014年约为709亿元，一直保持快速增长的态势，见下图所示。

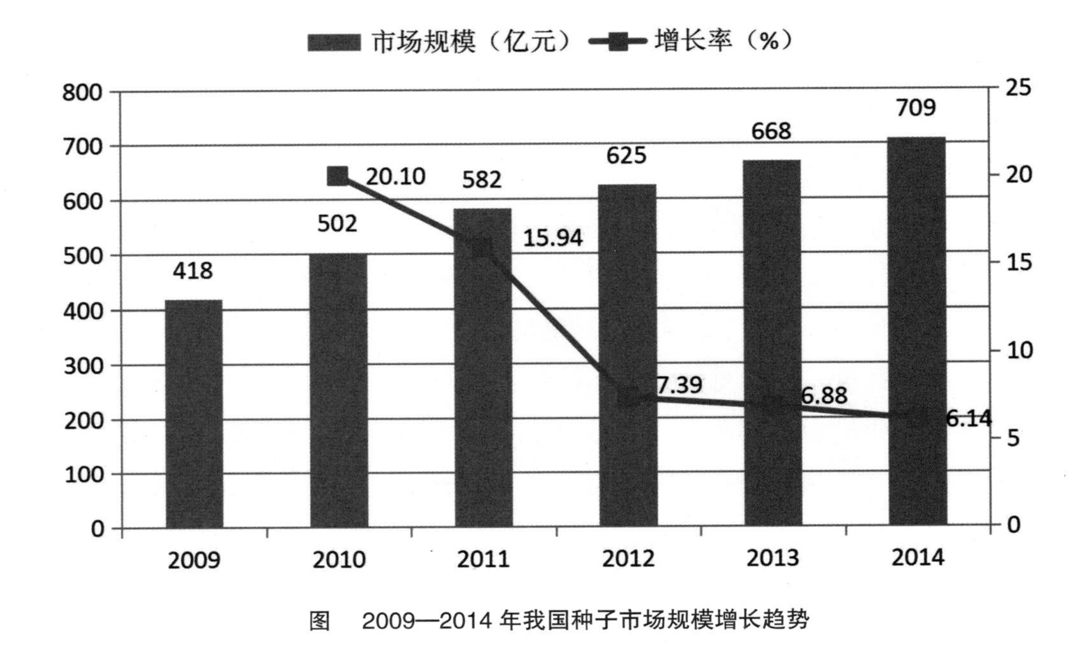

图　2009—2014年我国种子市场规模增长趋势

种子市场按照作物品种分主要包括水稻、玉米、蔬菜品种，分别占总市场规模的27%、35%和25%。2014年我国种子市场规模为709亿元，其中，水稻种子市场规模约193亿元（表5-1）。

表5-1　2014年我国种子各品种市场规模

品种	比例（%）	市场规模（亿元）
水稻	27	193
玉米	35	251
蔬菜	25	177
其他	13	88

在种子供应方面，我国种子市场总体处于过剩状态，但主要表现为结构性

过剩，积压的种子主要为普通品种或粗加工种子。未来随着优良种子科技含量的增加以及农户对优良品种及品牌认知度和接受度的提高，预计种子市场优良品种及品牌的种子将供需平衡，甚至供不应求，普通品种积压较多的结构性态势将更加明显。

（三）我国种子企业发展概况

企业是种业发展的主体。国家把扶持种子企业发展作为促进现代种业发展的核心任务，经过多年的改革和发展，我国种子企业取得了重大的进步，截至2014年年底，网上发证的种子企业数量为5 064家。种子企业规模实力也明显增强，2014年全国种子企业资产总额达到1 639.33亿元，资产总额1亿以上的达到306家。2014年全国种子企业共实现种子销售收入794.44亿元，是历年来销售额最大的一年。我国种业主体多元化格局基本形成，种子企业逐步发展成为技术创新的主体。

1. 种子企业结构明显优化

截至2015年年底全国持证种子企业4 660家，比2011年减少46%，企业“多、小、散”状况明显改善；注册资本1亿元以上的达到200多家，比2011年增加2倍多；在国内主板、创业板上市的企业9家，新三板挂牌企业21家，总市值超过1 000亿元。

2. 市场集中度不断提高

2015年种业10强、50强销售额分别为130亿元和270亿元，市场集中度分别为18%和35%，比2011年分别提高3个百分点和5个百分点；前50强净资产总和近250亿元，比2011年增长1倍多。

3. 企业创新能力加速提升

企业研发投入不断加大，2015年前50强研发投入13亿元，隆平高科、大北农、中种集团、神农大丰、东亚种业等企业每年科研投入均近亿元；2015年企业申请新品种保护同比增长51%，占总申请量53%；企业通过国审玉米品种29个、水稻品种46个，企业占比分别为50%和47%。

4. 企业兼并重组布局进入空前活跃期

种子企业进一步加大兼并重组步伐。据不完全统计，中国种子集团有限公司完成对广东省金稻种业有限公司的投资重组；中信集团出资36亿元入主隆平高科；安徽荃银高科技种业股份有限公司投入1.72亿元，并购重组了10家种业公司；中农发种业集团股份有限公司累计投资12.6亿元，并购湖北省种子集团、山西潞玉种业、河南地神等8家种子企业；河北巡天农业科技有限公司兼并广西绿田种业有限公司；隆平高科、荃银高科、中农发等企业在东南亚、非洲、南美等地设立种子企业，种业“走出去”加快；在国际并购方面，中粮集团与荷兰尼德拉（Nidera）公司签署股权收购协议，以12亿美元收购尼德拉51%股权，开启了国内企业国外成功并购优势种业的先例。2016年2月3日，中国化工宣布通过公开要约方式收购瑞士公司先正达，股权对价为430亿美元。倘若交易最终完成，将创造中国企业海外并购的历史新纪录。

（四）现代种业法治保障体系逐步完善

2015年11月，全国人大审议通过了新修订的《种子法》。新法在总结过去15年种业实践并借鉴国际种业立法理念的基础上，坚持市场化改革方向，按照简政放权、放管结合、改革创新、发挥市场作用原则，以发展现代种业、保障粮食安全、保护创新、保护农民利益为目标，对种业发展顶层制度和法律体系进行了全面的修订完善。

新法充分反映了推进农业现代化、发展现代种业的客观要求，顺应了国内外现代种业发展的客观规律，也符合我国农业发展需求和种业发展实际，为推进依法治种、建设种业强国奠定了法律制度基础。

四、我国作物育种优劣势分析

采用SWOT分析方法，对我国种业发展的优势、劣势进行分析，结论如表5-2所示。

表5-2　我国育种现状SWOT分析

内部因素	优势	劣势
外部因素	• 种质资源丰富 • 高质量人力资源 • 部分研究世界领先	• 研究基础相对薄弱，重要性状形成机制解析不够深入 • 重要利用价值基因较少 • 商业化育种体系尚未建成

（续表）

机会	利用因素	改进因素
• 国家大力支持 • 广阔的市场需求和前景 • 新型育种技术不断涌现	• 加快种质资源的开发和利用 • 采用新技术以加快品种培育	• 以市场需求为导向，培育新品种 • 加强自主创新，掌握核心技术 • 加快新育种技术的应用，培育新品种
挑战	监视因素	消除因素
• 科研布局重复、分散 • 种业全球化 • 转基因争议	• 顺应发展形势，加快优势品种走出国门的步伐 • 加强转基因科普工作	• 加快体制机制改革，杜绝重复建设； • 加强研发，培育和壮大优势企业

五、我国种业发展存在的问题

我国种业目前处于快速上升阶段，在提高粮食单产、保障国家粮食安全，促进种子出口、提升国际竞争力等方面取了较大成就。但随着全球化进程不断加快和现代科技迅猛发展，世界种业新格局正在加速形成，种业国际竞争日益加剧，我国种业发展还面临很多问题，亟须引起重视，采取有力措施，促进我国种业健康快速发展。

（一）种业方面

1. 传统育种模式阻碍种业发展，商业化育种体系尚未建立

商业化育种是指以企业为主体，以市场需求为导向，现代生物技术与传统常规育种技术有机结合，采用规模化、分段式、高通量、流水线运作的种业技术创新组织模式。商业化育种模式能够充分发挥市场在种业资源配置中的决定性作用，突出以产业为导向的技术创新发展思路，强化企业技术创新主体地位，促进科技与经济紧密结合。

国外早在20世纪70年代已朝着大型化、育繁推一体化的商业化方向发展，进入了商业化种业的发展阶段。国外成功经验表明，高效率的育种模式应该是大规模、分工协作的现代化商业育种模式。测试规模足够大，就能够把选育出优良品种这个偶然事件变成必然事件。并且，测试规模越大，结果也就越可靠，选育出的品种也就越优秀。依靠现代商业化育种模式，国际种业巨头培育出极具竞争力的商业化品种，并垄断全球种业市场。

而我国目前尚处于传统育种向商业化育种转变的起步阶段，商业化育种体制、机制尚未建立。科研院所及高等院校拥有育种资源、技术和人才优势，长期以来一直是我国种业科技创新的主体，育成了90%以上的主要农作物新品种，对我国种业发展和农业增产做出了重大贡献。然而，以完成科研课题为目的的研究机制，以技术为导向的育种思路，以及条块分割、分散管理、单打独斗的育种科研体系，导致了育种效率不高、低水平重复，选育品种同质化严重，缺乏市场竞争力，难以应对跨国种业公司垄断的挑战。

此外，发达国家公共机构基础研究主要集中在种质资源收集与创新、基因工程、前育种技术等方面。而我国的高校和科研院所一方面由国家和地方财政支持，以科研项目的方式开展育种研究和推广服务，另一方面也直接参与种业的市场活动，破坏了种业公平竞争的环境。与此同时，公益科研机构参与竞争性产品开发，导致公益科研机构的科研活动急功近利，对于基础性、公益性研究的关注程度相对不足，无法为种业创新链条提供上游技术支持，难以形成科技资源的合理配置机制。

传统的育种体系已成为科研与生产脱节，育种方法、技术和模式落后，创新能力不强的主要原因，严重影响了我国种业的健康发展。

2. 现行的种业科研机制，阻碍种业科技创新

在科研经费支持方面。国家科研经费的投入在种业科研与发展中发挥着重要作用，但现行的“下发项目指南—专家申报—竞争答辩—立项”的科研项目支持模式是导致科研与市场严重脱节的原因之一，阻碍了种业的科技创新和商业化育种体系的建立。同时，育种科研是一项长期的工作，育出一个好的品种有时需要十几年的时间，而这种以课题方式下达的竞争性经费，缺乏持续性和稳定性，使育种家无法安心科研工作，大量的精力花费在找项目、找经费上，不利于种业科研的长期稳步发展。此外，支持基础性、探索性、创新性研究的基金项目支持力度不足，也在一定程度上影响了种业原始性、突破性、颠覆性的创新。

在种业科研评价方面。对于基础性、公益性研究和商业化品种研发采取同一评价方式，存在着不合理性。同时，科研单位重论文、轻发明，重数量、轻质量，重成果、轻应用的科研评价体系，也是导致科研育种与生产脱节，选育品种数量较多，但突破性品种少，接近一半的品种没有推广面积，种业科技成果转化率低的重要原因。因此，亟待建立推动种业科研创新的新机制。

3. 缺乏种业人才激励机制，人才向企业流动的动力不足

由于受制于现有的体制制约，种业人才缺乏，流动性不足。育种人才从科研院所向科技企业直接流动的意愿不强。目前，我国种业研发创新的环境不够完善，种业科研人员向企业转移存在后顾之忧，一是，事业单位与企业在社会保障制度、人才政策等方面存在很大差异，研发人才不愿意到企业工作。二是，国家对公益科研院所用纳税人的钱所取得的公益科研成果的管理制度尚不健全，研发人员私下交易普遍，所得丰厚，尤其是育种能力强的一流种业研发人才很难向种业企业流动。三是，企业引进拔尖人才，要付出高额的代价，势必造成企业内部薪酬水平的较大差异，不利于企业已有优秀人才的稳定，因此，虽然国家出台了一系列政策，但种业人才向企业流动的动力仍然不足。

4. 企业创新能力不足，难以担当种业技术创新主体

种子企业是现代种业发展的主体，种业强必须企业强。跨国种业公司的科技研发体系，不仅体现在常规的育种理论方法和技术创新，而且还高度依赖于现代分子技术和适应大规模商业化研发的信息化、自动化技术的集成创新。与跨国公司相比较，我国的种子企业原始积累不足，科技研发投入不足，育种创新能力不强，商用化育种技术创新主体的地位尚未形成。

一是企业技术创新能力不强。我国种子企业商业化育种起步迟，水平不高、创新能力不强是种子企业存在的普遍问题。“全国种业 50 强”骨干企业中，拥有品种创新能力，持续投入较多资金进行新品种选育的公司寥寥无几。我国种业的许多品种研发依托高等院校和科研院所利用公共财政投资，采取课题组的方式进行。大多数企业都是通过品种权的转让、买断、合作开发等形式，而获得新品种权。新品种权益费逐年升高，削弱了企业的盈利能力，增加了经营风险。农作物新品种选育周期长，投入大，技术含量高。种子企业普遍受人才、种质资源、育种条件及手段以及企业资金实力等条件限制，难以大量、持续投入，更多注重短期企业效益，低水平重复研究多。缺乏材料重大创新和突破。从推广的品种看，主要农作物品种在产量、品质、综合抗性等方面差异不大，没有大的突破。从企业申报国家（省）审定的新品系（组合）来看，突破性或重大创新材料几乎没有。这也是大型种子企业大而不强的主要原因之一。

二是企业研发投入不足。当前跨国种业公司研发投入力度很大，一般占销售额的10%—30%，美国孟山都公司2014财年研发投入占销售额的10.7%，约17亿美元。相比之下，我国种业公司研发投入偏低，2014年我国种业企业前十强研发投入合计仅占销售额的4.7%，只有5.1亿元，不到孟山都公司的5%。部分大型企业研发投入极低，敦煌种业研发投入只有755.42万元，仅占销售额的0.6%。从研发力量看，先正达公司科研人员有5 000多人，我国种业企业前十强科研人员合计只有1 694人，不到先正达的三分之一。部分中小企业研发能力更弱。据调研，湖南省部分种业公司研发人员不到10人，有些刚刚改制的种业公司，甚至没有研发人员，完全没有研发能力。

5. 科企合作遇瓶颈，难以形成利益共同体

在目前我国科技竞争力和种业企业实力与发达国家及跨国公司之间存在巨大差距的情况下，推进科企合作是迅速提高种业整体竞争力最有效、最现实的途径。科企合作能促进资源的优化配置，有效促进科研单位技术、资源、设备、人才等创新要素在以市场需求为导向的创新体系中充分流动。通过科企合作，将科研单位的科技成果与市场需求紧密结合起来，有利于缩短科技成果的应用周期，加快科技成果的转化和技术熟化速度，促进科技成果的产业化。

科企合作是否能够达成的关键在于是否能够形成紧密的利益共同体。现阶段，由于科研单位与企业的目的不同、诉求不同、利益机制不同，存在组织形式松散、合作过程缺乏利益和信用保障机制等问题，难以形成研发牵动产业、产业构建市场、市场引导研发的良性循环，产学研一体化还远未实现，科企合作机制和合作模式还有待进一步探索。

6. 种业监管体系不完善，知识产权保护不力

随着我国种业市场主体多元化格局的形成，监管难度越来越大。一些地方种子管理部门人员编制少，经费得不到充分保障；质量监督检验设施设备不齐全，检测技术水平不高；缺乏市场监管必备的信息和交通工具，无法实行有效的市场管理，致使假冒伪劣种子、套牌侵权行为时有发生，种子市场品种“多、乱、杂”的现象突出，扰乱了市场秩序，损害了品种权人、种子使用者的合法权益，挫伤了种子企业科技创新的积极性。

知识产权对于促进我国种业发展具有重要作用。当前我国种业知识产权保护存在以下几方面问题：一是侵权高发、维权难度较大。目前我国种子生产和使用者基本是农民，其对种子是否侵权没有概念，也不会关心其是否侵权，更无从判断其是否侵权。再加上种业侵权案件的取证也不容易，而各地政府大多对本地企业进行保护。这几方面因素造成了种业知识产权的侵权现象较为普遍。而对种业侵权的维权，更是难上加难；二是新育成品种创新性低。我国近年来的新育成品种从数量上来说，每年都有增长，但质量不高。我国近年来选育出的农作物品种间的遗传差异越来越小，创新性较低，难以培育出具有重大创新性的突破性品种；三是产业开发效率低。科研院所仍是农作物种业知识产权的创造主体，其取得的科研成果与农业生产的需求不能达到统一，使其科研成果脱离了生产实际需求，并不能完全满足种子企业和生产第一线的要求。原创性品种太少，因而与市场对接不畅，知识产权产业化水平处于低效运转的状态；四是种业知识产权人才稀缺。我国目前缺少复合型知识产权人才，迫切需要熟悉国际种业知识产权管理，熟悉育种技术，懂外语、懂法律的专业型人才，这样的人才还应具备一定的知识产权操作实践，才能很好地处理农作物新品种代理、合同纠纷、知识产权纠纷问题。

7. 缺乏全球意识和布局，难以建立起全球育种体系

近几年，我国出台一系列政策促进种业“走出去”，并取得一定成效。根据农业部统计，2014 年我国种子年出口总额已经超过 3 亿美元。但总体上看，我国种业企业在国际种子市场所占的份额很小，种业“走出去”还面临诸多障碍。第一是种子适应性差。国内生产的种子难以适应国外气候。第二是种子成本高。种子成品出口国外，仓储、运输等物流成本很高。第三是种子质量不稳定。种子经过长途运输，包装破损率较高，容易发热霉变，降低种子质量。第四是出口手续繁琐。我国种子出口要经历国内和进口国双重检验检疫，不同企业、不同品种、不同批次都要分别进行检验检疫，延长了种子出口时间，有时候甚至错过播种季节。第五是种质资源管控严格，不利于发展境外育种。我国对种质资源管控非常严格，企业难以利用国内优质种质资源选育适合当地的优良品种，与很多国家希望引进能在当地直接繁殖的亲本种子、进行本地化生产的要求不相适应。

（二）科技方面

1. 种业基础研究相对薄弱，创新力不足

随着生物技术的不断突破和在育种领域的迅速应用，国际种业科技快速实现了战略转型。跨国种业集团依靠生物技术的优势，已初步完成种业技术和市场的垄断。但我国种业的基础性研究薄弱，尽管种质资源丰富，但种质创新和改良等基础研究滞后，运用现代生物技术开展种质鉴定、基因发掘、新材料创制等进展缓慢，开发利用不足，难为育种研发所用。公共科研力量多集中在品种选育等应用研究领域，对现代育种理论与技术方法等基础性、公益性的研究和投入相对不足，种子生产、质量控制等关键技术研发不够，难以形成自主知识产权的基因资源和专利技术，原始创新成果严重缺乏，成为制约中国现代种业科技创新的技术瓶颈。

2. 种质资源挖掘不够，原创性种质不足

现代种业科技竞争的实质是“资源战”、“基因战”和“专利战”。我国是世界上生物资源最丰富的国家之一，但是基于种质资源创新与改良的基础性研究不足，在利用生物技术保存种质资源和人工创制新种质等方面比较落后，资源鉴定和品种资源保护体系尚不完善。目前，植物转基因关键技术和方法的知识产权大多数掌握在欧美国家手中，我国除已将抗虫基因成功应用于棉花育种外，在该领域的原始创新还较少。未来 10 年生物技术领域的竞争将更加白热化，必须充分利用和发挥我国种质资源优势，力争现代生物技术理论与方法取得突破，将我国农业种质资源的保护和利用提到种业科技发展的战略高度。

3. 育种技术方法相对落后，作物分子育种技术尚待突破

科技进步尤其是新品种培育是提高粮食综合生产能力的主要因素，在当前常规育种技术面临增产瓶颈的情况下，需要持续加强对分子育种等高技术的研究。首先，作物分子育种新技术新方法创新能力亟待提高，因为目前国际上普遍使用的分子育种相关技术基本上发端于国外，跨国公司拥有多数分子育种技术的专利。其次，分子育种的高效化和规模化的问题没有得到根本解决，例如还没有建立高效的多性状多基因聚合技术、规模化基因型鉴定技术、多种作物

的高效转化技术，并且国内的分子育种单位小而散、小而全，难以集中优势进行突破。最后，分子手段与传统育种技术尚需有机结合，作物育种理论和育种技术创新能力弱，特别缺乏品质、产量、抗性协调改良的基础理论和高效育种技术。此外，近年来基因组学研究过程中产生的海量信息（包括基因结构和功能、标记、表型、系谱等）还没有得到有效整合与集成创新，对控制重要性状的基因 /QTL、基因 /QTL 间及其与环境互作的遗传和分子基础了解不全面、不系统，导致从基因型到表现型的预测准确度不高，分子设计育种的实际应用还有待时日。

4. 育种信息管理和数据分析系统发展滞后

近年来，国外大型种业公司早已实现了作物育种信息综合管理信息化，使用专业的育种数据管理软件，极大提升了育种工作的效率，减轻了育种工作量。与世界发达国家相比，我国种业发展仍处于初级阶段，性状参数等信息的管理大多还停留在借助 Excel 等通用办公软件的半手工阶段，时间成本很高，数据缺失严重，人为误差大。目前国内也逐步建立起一些专业的育种软件和育种平台，如北京农业信息技术研究中心研发的作物育种信息综合管理平台、博思公司开发的农博士育种专家软件等，但仍存在资源少，参数不全，数据采集困难等问题，迫切需要育种大数据平台，将信息管理、数据管理、数据分析等信息整合起来，加强育种的保密性，减轻育种的工作量，提高育种效率。

六、我国种业发展趋势

随着社会的发展和科技的进步，特别是近几年种业新政的实施，我国种业正在发生或将要发生巨大的变化。

（一）市场层面

1. 国内市场需求增长从快速到缓慢或停滞

由于农产品价格上扬、种子商品化率提高、种业技术进步(杂交棉花和转基因棉花、杂交油菜、两系杂交稻)等因素，近 10 多年来中国种业市值快速增长。根据全国农业技术推广服务中心对主要农作物种子使用情况调查，2012—2014 年全国玉米、水稻、小麦、大豆、马铃薯、棉花、油菜 7 种主要农作物种子市值合计分别为708亿元，784亿元和819亿元，依然呈现增长态势。

但是，由于近几年人力成本过快增长，种植业结构强力调整和部分作物的种植方式呈现颠覆式转型，一些作物种子市场停止增长甚至严重萎缩；部分作物去杂种化，常规品种卷土重来，如水稻、棉花、油菜种子有回归常规品种的趋势。杂交水稻未老先衰，从1976年起推广30多年后快速衰退。2012—2014年杂交水稻市值分别为149.39亿元、132.75亿元和118.54亿元，2014年比2012年下降21.7%。杂交棉花现已基本退出历史舞台，杂交油菜也处于下降通道中，两者的应用仅分别10年和20年。总之，中国种子国内市场的需求增长从快速到缓慢或停滞。

2. 供求关系从公司供给主导到农民需求引导

国内种业过去直至现在都是育种家培育什么品种，种业公司就经营什么品种，农民也就只能购买什么品种，种植什么品种，供求关系由公司供给所主导。这种格局目前正在悄悄发生变化，市场开始引导公司调整产品结构，进而引导育种家调整育种目标。人力成本的提高、作物种植方式的改变（如规模化、轻简化、机械化等对品种提出了新要求，特别是玉米机收尤其是机收籽粒、水稻直播、油菜直播和机收、棉花机采、除草剂应用等）和病虫害的流行（如北方玉米黏虫、西南玉米灰斑病、长江流域水稻稻瘟病）等，都倒逼育种家迅速改变育种目标，种业公司围绕市场需求调整产品结构，满足农民所需。只有满足他人所需，才得自己所求。所以供求关系正在发生颠转式变化，从公司供给主导到农民需求引导。

3. 产品和服务从满足国内到走向世界

我国种业企业已开始探索国际化，同时，也受到政府支持。第一，2011年商务部、发改委等10部委发布的《关于促进战略性新兴产业国际化发展的指导意见》提出，要通过对外援助等方式，带动生物育种企业开展跨国经营，目标则是开拓亚洲、非洲、拉美等新兴市场，手段则是在海外设立生产示范园区，加强海外推广。2012年温家宝访问拉美以来，中拉农业合作提上战略议程，在2015年6月的农业部长论坛上，30余国农业部长一致通过了《中国—拉丁美洲和加勒比农业部长论坛北京宣言》，推进双方农业科技创新能力，在农作物品种选育与栽培、农业生物技术领域加强合作是其中的重点内容。中国政府还设立了5 000万美元规模的中拉农业合作专项基金。第二，一些种子企业种子出口市场不断扩大，例如湖北省种子集团研制出的产品出口海外6个国家，并在20多个国家开展实验。2014—2015年全国出口种子2.73万t，金额2.63亿美元。第三，国内种子企业已开始从单纯的出口延伸到了合作育种、技术出口。例如，大北农旗下生物技术公司就已在拉美悄然试水合作育种。2015年6月9日，在中国—拉丁美洲和加勒比农业部长论坛上，大北农与阿根廷Bioceres公司签订合作备忘录，计划在阿设立实验室进行大豆育种，由合作企业提供当地种子资源，大北农提供自主研发种子技术，培育出符合当地使用的种子，研发成功后将结合当地农场及渠道资源在拉美进行种植推广。北京奥瑞金种业股份有限公司2015年12月初宣布将试水美国市场。根据其在美国证券交易委员会网站的公告，该公司计划2016年进入美国市场。由此可见，中国种业国际化是一个大趋势。

4. 国际种业巨头从布局到开战

我国是一个农业大国，种子行业具有巨大、稳定的市场需求，现已成为全球第二大种业市场，显然极为诱人，一直吸引着国际种业公司抢滩登陆。随着种子市场大门的逐渐开放，世界种业巨头积极在中国种业“排兵布阵”。目前，全球前10大种业公司已有8家在中国设立分支机构，全国已有49家持有效证照的外资种子企业。由此可见，国际种业巨头已经完成了在中国的布局，正在把经营推向深入，并且已有一批玉米品种占据很大份额的市场，例如，先玉系列、迪卡系列、正大系列均有压倒国内优势品种的趋势。所以，我国玉米种业公司面临着直接与国际种业巨头并肩竞争，其他作物也不可掉以轻心。

（二）研发层面

1. 育种研发从以国有科教机构为主到以企业为主

近年来，企业选育品种的速度越来越快，企业选育通过国审品种占国审品种总数的比例逐年提高。2013年，国审品种中企业占36.1%，省审品种中企业占51.2%。其中，企业选育国审玉米品种9个，所占比例由2001年的15%提高到50%；企业选育水稻品种21个，所占比例由2001年的3%增至2013

年的 48.8%。

2013 年，国内企业申请农业植物品种权 618 件，占当年申请总量的 46.4%，同比提高 3 个百分点，超过国内科研教学单位的 561 件，成为申请的主导力量。从作物来看，在玉米和水稻两大作物中，企业占比较高，其中，玉米作物的新品种权申请量和授权量，企业分别达到 56.6% 和 57.1%。“十二五”（2011—2015 年）期间，企业申请总量 3 638 件，科研单位 2 760 件，企业申请量“十二五”期间比“十一五”增长 139%，远高于科研单位 25% 的增长量。一批企业不断加大品种权申请，2015 年中种集团品种权申请量达 64 件，占该企业 16 年来申请总量的 50% 以上；金色农华品种权申请量达 62 件。所以，企业将逐步成为育种研发的主体，国有研发机构将淡出商业化品种选育。

2. 育种目标从生物特性到兼顾商业特性

作物育种已从追求个体优势变为追求群体优势；从追求高产量变为追求高效益；从追求出品种到追求创新性状。所以，育种目标已不单纯局限于作物的生物特性，还必须兼顾商业特性。

满足市场需求是最重要的育种目标，当前的市场需求通过农户、种子企业、加工企业和消费者需求来表现。农户需求：产量高、抗性强、看相好；种子企业角度：制种容易，种子成本低；加工企业需求：商品产出率高，产品成本低；消费者角度：产品外观好、内质好。

3. 育种技术和手段从传统到现代

（1）育种技术精准化。一是精准化设计育种计划；二是精准化创造遗传变异或改良生物性状；三是精准化获得育种材料的基因型、表现型和环境型数据；四是精准化鉴别和选择有益的遗传变异；五是精准化确定新品种及其适应区域，六是精准化检测种子质量。

（2）育种劳作机械化。种业研发过去主要依靠人工劳作，而现在无论是实验室操作还是田间作业，都采用各种现代自动化控制的分析仪器和机械设备。比如利用专用小区播种机、农艺性状自动采集设备、收获测产系统、自动化考种系统等硬件装备，提高数据的准确性和可追溯性，极大地提高育种实验规模和研发效率。

（三）产品层面

1. 产品从种子到种子 + 服务

过去，种业公司就是向农民提供种子，将来是向农民提供成套的解决方案。现代农民从事作物生产，除了需求种子以外，还需要其他许多技术，如植保技术、施肥技术、气象服务、机械化技术、农产品市场信息、甚至金融服务等综合服务。伴随着现代农业发展的需求，各大国际种业巨头的活动范围愈发向农业产业链的上下游延伸，纷纷致力于“为农民提供综合解决方案”。可以预见，中国的种业公司也会跟进这一模式，未来的农业生产可能是，农民在生产经营上的一切需求将由种业公司牵头解决，农民成为真正意义上的“老板”。

2. 产能从平衡到过剩

中国种业的产能特别是杂交玉米和杂交水稻种子的产能出现过剩已经几年了。在过去几年里，因高利润的刺激和应对未来生产成本增高，多数种子公司将生产扩大到了超出需求的水平。近几年的气候较好也使产量增加。杂交玉米和杂交水稻种子 2013 年的期初库存分别达到了 100 万 t 和 14 万 t，比上年均高出了 50%，相当于年需种量的 87% 和 50.5%。在 2013 年，种子生产商通过减少制种面积来降低市场的过量供给，但种子产量继续超过预期，导致了 2014 年创纪录的库存。2014 年的期初库存分别达到了 130 万 t 和 18.2 万 t，玉米库存量相当于需种量 115 万 t 的 113%，水稻库存量也相当于需种量 25.5 万 t 的 71.4%。随着品种的快速增多，种业产能会更加过剩，因为品种多的连锁效应是公司多，公司多的后果是产能大，所以，品种多是产能过剩的根源。

而与之相反的是种子需求可能萎缩。杂交水稻种子由于常规稻的冲击已呈下降趋势；玉米精量播种、低产地区面积萎缩导致需种减少；棉种大幅度萎缩，杂交棉种急剧下降；油菜面积下降；农作物面积下滑，需种减少；还有粮棉油价格下滑，种植积极性下降，撂荒增加，这都导致种子市场萎缩；反过来，这又加剧了产能过剩，所以过剩更为严重。

3. 利润从暴利到微利

种子市场的竞争将更为激烈，暴利时代已经结束。品种增多，公司增多，其结果必然是小公司做不大，大公司做不强，高利润时代提前结束。由于人民币升值、人工成本上升导致中国农产品完全没有国际竞争力，农产品价格遭遇“天花板”，增加的成本不能有效传导，把种子的利润空间特别是一级批发商的利润空间一再挤压。而种业竞争白热化，降价成为多数企业主动或者被动的选择，其最终的结果就是种子企业在亏损的边缘游走。

（四）经营层面

1. 产业链从分离到整合

当前，我国种业的严峻形势，都迫使种业的产业链从分离走向整合。只有整合种业从研发到生产再到经营的整个产业链条，才能形成合力，抵御国外种业对我国的冲击。

种业产业链的整合会以 2 种模式，一是大型种业公司研发、生产、经营三位一体即农业部倡导的“育繁推一体化”，二是中小型种业公司研发、生产、经营分工协作“三结合”。这 2 种模式都能形成从研发到产品和服务的完整种业产业链。而在当前，中小型种业仍然是中国种业的主体，2015 年中国种业前 50 强的营业额仍然只占 35%，“三位一体”的模式，需要经营规模、经营利润、人才、管理、资源等等条件作支撑，因此，更应该鼓励中小型种业公司研发、生产、经营分工协作，形成强强联合、优势互补的整合机制。

2. 生产基地从分散到集中

2013 年，全国杂交玉米制种基地进一步向西北集中，甘肃和新疆合计 251 万亩，占全国玉米制种基地的 60% 以上；产量 10.08 亿 kg，占全国总产的 73.26%。2013 年，全国杂交水稻种子生产也是进一步集中，四川、湖南、江苏、江西、福建和海南 6 省面积共计 122 万亩，占 75%。

农业部推出的“以稳定基地、提升产能为目标，将优势制种基地划入基本农田永久保护，落实制种大县奖励、制种保险和农机补贴政策，加快推进育制种基地建设”的政策也强化了制种基地建设“集中”的趋势。

3. 经营模式从代理制到多样化

种业公司创立的“品种专营、委托制种、区域代理销售”的模式曾经快速促进了自身的发展，但这一模式在今天又成了制约种业公司发展的桎梏。品种高成本，制种包产值，销售退货制的经营模式，使种业公司自身的风险不断放大，利润空间不断缩小。

除育繁推一体化的大公司外，大多数种业公司可能要走与育种家、制种商、经销商“三结合”并共担风险、共享效益的新模式。县级甚至省级乃至全国性的专业化营销（包括电商）公司应运而生。常规品种会广泛授权，品种独家经营模式将被打破，生产经营权下移，县市公司成为一级批发商。总之，种子经营模式从区域代理制向多样化发展。

（五）企业层面

1. 企业从多小弱到少大强

2011 年，国务院发布《关于加快推进现代农作物种业发展的意见》，推动中国种业进行并购重组。种子企业数量由 8 700 家减少 2 751 家，至 2013 年年底实有种子企业数量为 5 949 家，合计减幅为 31.6%。其中，持部级颁证企业 182 家，持省级颁证企业 2 169 家，持市县两级颁证企业 3 598 家。到 2015 年，种子企业已减少到 4 400 家，比 2011 年减少一半。按全国种子市场 1 000 亿元市值计算，每家平均仍不足 2 300 万元产值，按 10% 的利润率仅平均 230 万元的利润。中国种子企业仍处于“多小弱”的现状。

兼并重组将是大公司在短时间内获取营销渠道、扩大市场份额、降低生产成本、获得新技术和超额利润的有效手段，被兼并也是多数小公司的最佳选择。所以，中国种业公司数量将进一步减少，规模将有所扩大，少数大公司的实力增强，预计有 1~2 家将进入全球种业 10 强行列。例如，中国种业老大隆平高科，2014 年种子营业收入 19.7 亿元，超过 3 亿美元；排位第二的垦丰种业达 18.4 亿元，第三位的登海也达 14.7 亿元。这些中国种业公司在营业额上进入国际 10 强已经只有一步之遥。若考虑对外收购兼并，中国种业出现全球前三甲公司也不是没有可能，中国化工收购先正达若完成交割，这一目标便实现了。

2. 发展动力从凭机遇到凭实力

中国种业公司的发展，有一个明显奇特的现象，就是“大品种成就大公司”。例如，掖单系列成就了山东登海，郑单 958 成就了河南秋乐、金博士和北京德农，先玉 335 成就了登海先锋和敦煌先锋，德美亚 1 号、2 号和 3 号成就了北大荒垦丰，豫22成就了襄阳正大，农大108和扬两优6号成就了金色农华，伟科702成就了河南金苑种业，湘杂棉、深两优5814挽救了湖南亚华，鄂杂棉10号成就了湖北惠民等等。这是中国种业的时代特征，因为品种是短缺的，大品种是稀有的，谁拥有了稀缺品种，谁就拥有了市场，就拥有了发展动力，就可以在短时间做大甚至做强。

随着修订后的《种子法》及其配套规章特别是新的《农作物品种审定办法》的实施，品种将会更加大量地涌现，由短缺变为饱和甚至过剩，企业在解决了品种“饥渴”之后，追求的不再是品种数量而是品种质量，绿色通道、联合体试验推出的最起码是有开发价值的品种，在这样的机制下，企业的发展就必须依靠研发实力，靠机遇发展的公司将会面临淘汰。

3. 发展方式从滚雪球到大资本

中国种业公司特别民营种业公司的发展，基本上依赖资本金和盈利滚雪球式发展，由于金融政策及缺乏抵押物等原因，种业公司很难甚至无法获得银行贷款，其他融资渠道也非常有限，所以，中国种业公司发展速度都较慢。

由于近年资本市场的活跃，加之国家种业新政的实施，资本开始关注并十分青睐种业，种业上市公司增多、定向增发获批、中国种业行业正在寻找与资本市场对接的合适路径，尝试提高种业并购重组的速度与质量。

现代金融与现代种业融合发展具有迫切性。从本质属性来看，现代种业是典型的高科技产业，发展现代种业离不开金融资本的支持。从发展阶段来看，我国正处于传统种业向现代种业转型的关键时期，顺利实现转型升级需要资本的强力支持。从国际规律来看，知名跨国种业公司都走过兼并重组之路，都是现代金融与种业高度融合的产物。

现代金融与现代种业融合，要围绕支持发展民族种业的航母、支持有发展潜力的科技型种业企业、支持在产业链上有特色的种业服务公司进行布局，促进金融资本与种业产业相互渗透、相互交叉的一体化发展，形成新型动态良好种业生态。

4. 控股资本从国退民进到民退国进

《国务院关于加快推进现代农作物种业发展的意见》(国发〔2011〕8号)提出了“推动种子企业兼并重组”的重点任务，明确指出“支持大型企业通过并购、参股等方式进入农作物种业；鼓励种子企业间的兼并重组，尤其是鼓励大型优势种子企业整合农作物种业资源，优化资源配置”，提出了“培育具有核心竞争力和较强国际竞争力的‘育繁推一体化’种子企业”的战略目标。5年来，这一决策得到了很好的落实，特别是得到了若干央企的积极响应。中种集团、农发种业加大投入力度，大肆收购兼并，布局全国甚至海外市场；中国林木种子公司进入农作物领域，中农集团进入种业，中信集团控股隆平高科。据不完全统计，中种已有16家子公司，农发种业已有8家种业子公司，隆平高科已有11家种业子公司，中国林木种子公司、中农集团种业控股公司各有3家种业子公司，仅央企资本控股的种业公司就达36家，还有财政部等主导的现代种业发展基金已投资10家种业公司、3家以种业为重点的投资机构、2家种业电商企业。这些公司绝大多数都是由民营控股转变而成了国有资本控股。另外，还有一些省级国有种业公司也快速扩张，收购兼并了许多民营种业公司。总之，种业控股资本民退国进趋势十分明显，与本世纪初《种子法》颁布后的民进国退大潮形成了鲜明的对比。这种趋势是长期还是暂时，目前难以预测。

第　六　章
我国作物育种发展对策建议

一、宏观战略层面

1. 加快种业体制改革，逐步建立符合我国国情的商业化育种体系

借鉴欧美发达国家及跨国种业公司的成功经验，我国应尽快建立以企业为主体，以市场需求为导向，现代生物技术与传统常规育种技术有机结合，采用规模化、分段式、高通量、流水线运作的商业化育种体系，充分发挥市场在种业资源配置中的决定性作用，突出以产业为导向的技术创新发展思路，强化企业技术创新主体地位，促进科技与经济紧密结合。

然而，构建商业化育种体系是一项复杂而又长期的系统工程，涉及科技体制改革、知识产权保护、市场资本运作等诸多因素，因此不能盲目照搬国外的做法，要充分考虑我国的国情，在当前企业尚缺乏创新能力，而科研机构在设施、资源与人才上仍占有绝对优势的情况下，应当分领域、分阶段逐步推进商业化育种体系的建设。

对于市场化和产业化程度较高的杂交玉米与水稻等农作物领域，公益性科研机构应最先退出商业化育种。形成基础研究实力雄厚的科研单位和大学，专注基因组、功能基因挖掘、分子标记辅助育种等前沿基础研究和共性技术研究；专注育种及相关应用技术研究的科研单位通过技术入股等方式实现“事企脱钩”，在共性技术领域形成研发优势。

对于蔬菜等市场化程度较高，而产业化程度相对较低的作物，科研院所与

大学依然是现代种业主要的创新源头，由于这类作物种类多、品种类型多、规模相对小、单位经济价值高，不容易形成集中优势，很难造就大企业，所以商业化育种的优势仍在科研单位和大学，应依托科研院所创办的科研先导型种业企业转制，实现商业化育种向企业的过渡。

对于其他常规育种作物、小杂粮、无性繁殖作物及育种周期漫长的林木果树植物等市场化和产业化程度低的农作物，科教单位是种业技术创新、品种示范推广的主体。

应建立现代种业示范区，围绕国家现代种业示范区的战略规划，借鉴中关村科技园区成功经验，制定一整套完善的政策制度，在成果处置与权益分配、税收、股权激励、科研经费管理、育繁推一体化高新企业认定与扶持、种业人才激励等方面给予政策优惠，为中国现代种业改革创新先行先试，探索道路，积累经验，也避免盲目地全面推开商业化育种所带来的不确定因素。

2. 创新种业科研项目支持组织方式，建立推动种业科研创新的新机制

对于基础性、公益性研究和商业化品种研发应采取不同的支持方式。

要增加并稳定基础与公益性育种研发预算，使科研人员安心开展相关工作，克服经费不确定性等问题。并形成持续稳定的科研支持机制，鼓励原始性、突破性、颠覆性创新。

面向市场的商业化品种研发，应将研究内容定位在产业发展和市场需求上，将研究成果定位在转化应用解决生产实际问题上，建立面向市场的自下而上的种业科研项目选题立项机制。应进一步完善作物育种创新的多元化投入机制，最终形成由市场决定育种方向和目标，种业企业出资，政府经费配套，科研单位和企业合作研发，利益共享的科研新机制。应用型科研单位应逐步成为企业的研究院，科研经费主要靠企业投资，形成以企业为创新投入主体，反哺科研机构的发展模式。通过引导和支持创新要素向企业集聚，促进科技成果向现实生产力转化。

涉及关系到国家农业战略的重大攻关项目，应经第三方科技情报机构和专家共同论证和评估，实行自上而下的任务委托机制，凝聚优势力量和资源开展联合攻关，最大限度避免各自为战的情况。

此外，应持续稳定支持作物育种的长期研发。在发展现代作物育种需要更多科技投入的情况下，在体量和时间尺度上保证资金投入是一个重要因素，这也符合育种创新需要长期稳定积累的规律。政府应当组织专家制定长期的育种发展规划和技术路线图，并规范阶段性绩效评估办法，根据评估结果，给予长期、稳定的科研经费支持，以保证种业科研的长期稳步发展。

3. 优化种业人才评价激励机制，引导人才向企业流动

随着农业部、科技部、财政部印发《关于开展种业科研成果机构与科研人员权益比例试点工作的通知》，人力资源和社会保障部办公厅和农业部办公厅印发《关于鼓励事业单位种业骨干科技人员到种子企业开展技术服务的指导意见》等一系列以激励种业科技创新、提升成果转化能力为主要目的的种业人才激励政策的出台，积极稳妥地推进科研单位人事制度改革和科研体制改革提到了议事日程，应在保留地方政府需要的精干的公益性研发力量的同时，引导育种研发人员向企业流动，完善人才流动中的社会保险衔接，逐步扫除科研事业单位体制对于人才流动的障碍；以市场化引导利益分配机制，鼓励科研人员的工作积极性，由“铁饭碗”变成“金饭碗”。

要改革种业科技评价与人才管理制度，研究制定以科技创新质量、贡献、绩效为导向的分类评价体系，正确评价科技创新成果的科学价值、技术价值、经济价值、社会价值和文化价值。

对种业基础研究和品种商业化开发采取不同的科研成果评价机制，优化成果评价体系，建立公平合理公正的分配激励机制；设计合理有效的利益机制实现相关主体利益的合理分配，促进各主体在种业产业链上有效的分工协作，不断提高种业产业市场化程度和交易水平。以种业产业链建设为核心，构建合理分工、公平分配、利益共生的生态网络和分配激励机制。

4. 通过一系列扶持政策和措施，培育企业尽快成为种业技术创新的主体

一是支持有一定技术创新能力和较强大市场拓展能力的育种企业提升研发能力，以企业出资、国家扶持的方式，鼓励其兴办、兼并研发机构；二是通过税收优惠、专项资金扶持等政策鼓励企业设立自己的研发机构，提高创新能力；三是制定农业育种产业规划与产业政策，对科研体制进行分工，对科研项目分类下达，根据种业研发品种、研发阶段等方面合理定位科研院所和育种企业的职能和角色，充分发挥各自资源优势，制定不同的鼓励政策和资金管理办法，共同推进商业化育种发展。产业政策要向社会责任感强、效益好、能带动产业发展的育繁推一体化企业倾斜，促使其能够真正发挥市场主体作用。

引导有实力的“育繁推一体化”种子企业构建以企业为主体的商业化育种体系，建立健全品种测试系统与试验网络，提升企业育种创新能力；支持企业加大科研投入，建设国家重点实验室、国家工程技术研究中心等产业化技术创新平台；鼓励种业企业间进行兼并重组，构建大型种业企业集团。

鼓励和支持种子企业特别是国内优秀的内资种子企业强强联合，整合成更大规模、更加多元化经营的种子集团，发展成为具有自主研发实力的种业龙头企业，在整个种子产业链条中承担最核心的育种研发和种子生产任务；其次，要通过提高种子生产企业门槛等手段，依靠市场机制，将相当一部分不具备种子生产能力的种子企业转变成纯粹的种子经营企业。

5. 健全利益分配机制，促进科研院所和企业的合作

在当前市场经济条件下，由于所有权、利益分配机制尚不健全等原因，缺乏院所、高校与企业间育种资源的对接与共享机制，院企合作处于松散的状态。

科企合作是促进种业发展的重要手段，只有科研单位发挥人才优势、企业发挥市场运作优势才能形成合力，才能共同推进我国种业的发展。

针对当前科研院所和企业合作中存在的问题，应当采取以下措施：一是对目前已有的种业科技资源进行全面摸底，系统规划、整合，为新型种业科技创新体系的构建做好准备。通过政府投资等政策手段逐步引导不同类别主体合理定位、找准重点，从而形成合理分工、相互配合的有机创新体系。二是进一步理顺科研院所和育种企业合作机制，从人才流动、资源开放、经费支持等方面，进一步优化现行政策，进而保证科研院所和企业合作的顺利开展。三是加强科研院所和育种企业项目合作的支持，从经费保证，研发条件、成果推广等方面加大支持力度。

6. 加强知识产权保护，为种业发展保驾护航

种业的竞争也体现在知识产权的竞争上，新品种权是农作物种子企业的核心权利，是最重要的无形资产之一。欧美发达国家也正是通过完善的立法实施新品种保护，激发了企业种业创新的积极性，促进了种业的市场化。而我国在农作物种子知识产权保护上还存在许多问题，如检测鉴定标准不明确、法律法规配套缺失、打击侵权力度不够等，因品种选育时间长，投入大，风险大，企业承受能力有限，因此对品种保护力度不够，严重影响了我国种子企业育种的积极性。

因此，应修订《种子法》的配套《实施条例》及相关法规，明确规定种子管理机构的职能；以市场需求作为导向，加强品种审定制度对育种的导向作用。通过市场调节加快品种创新速度和成果转化速度；要强化企业自律、树立品牌意识、加强对品种知识产权的市场监管、维护企业自身合法权益；提高对种子生产和市场的监管经费和能力、加大对市场的监管力度和对违规事件的惩罚力度。

7. 树立全球意识，建立我国在全球的种业布局

为了争取农业的主动权，掌握农产品贸易的话语权，提高我国农业在国际市场上的竞争力，中国种业需要实施“走出去”战略，以高瞻远瞩的国际视野，在全球范围内谋划农业布局。应建立中国种业走出去的政策支撑和服务保障体系，使走出去的模式呈现出种子贸易、境外制种、投资研发等多元化发展的局面，推动企业本地化，与当地企业深度合作，深入开展科研，提升国际优质资源利用水平，使种业走出去的规模化、组织化、集约化程度明显提高，企业竞争能力不断提升。

为了达成中国种业走出去的战略目标，政府应当通过经费补贴等措施，鼓励和扶持国内企业申请国外知识产权，为中国种业走出国门做好技术储备；鼓励有能力的国内种子企业走出去，兼并国外种子公司，购买国外相关专利技术，扩充种子资源；完善种质资源出口、种子检验检疫等制度，加快种子出口贸易；加大对外农业合作项目的支持力度；建立种业走出去基金，加强国际合作交流平台建设；农业部与外交、商务部等多部门联动，通过援外方式推进种业走出去；对于走出去规模大、声誉好和市场效益好的种业企业，可以考虑开辟种子和技术输出绿色通道，减少行政审批环节、实行出口退税或免税优惠。

二、研发层面

1. 加大力度支持作物育种基础研究

基础研究是技术创新的源泉，加强作物育种基础研究是促进种业发展的根本。应持续支持优势作物重要农艺性状分子机理解析等基础研究领域，包括精细定位和克隆主要农作物高产、优质、抗逆、抗病虫、资源高效利用等重要性状基因，发掘其优异等位基因；识别调控重要农艺性状关键基因及其互作网络，获得具有重要价值的关键基因资源、明确关键基因与其上下游基因互作的生物学效应，以及调控不同农艺性状基因网络间的互作关系，建立性状与基因群和基因网络的关联系统等。

2. 加强多种育种技术的综合应用与集成创新

作物育种技术各有优势和限制因素，综合利用多种技术方法是发展趋势。虽然目前对转基因作物仍存在很多争议，但不可否认该技术在帮助农作物抵御病虫害威胁方面起到很大作用。传统育种技术可以更好地解决复杂多基因性状改良，分子标记和全基因组测序等技术可以帮助改进传统育种方式，定点基因组编辑等新技术发展迅速且具有应用前景。我国要在短期内加强育种能力建设，达到国际先进水平，应汇集现有科技资源，瞄准国际育种创新前沿，打造育种技术集成创新平台，实现“优异种质创新 + 有利基因发掘 + 有用标记集成 + 关联关系构建”的紧密联系，实现分子技术实用化，推动种业从点创新向集成创新转变。

3. 重视遗传改良与性状分析新方法与技术的开发

复杂性状遗传基础解析及性状测定等遗传分析和育种过程中的关键瓶颈问题的解决，需要依赖于新技术方法和工具的开发与应用，包括实验技术的创新和数据分析策略的进步。要加大对新技术方法的支持力度，包括建立多样化的试验群体、改良高通量基因分型、测序与表型鉴定技术，开发新型预测计算工具等，以提高育种能力。

4. 加强资源节约及解决重要环境问题的育种目标性状的研究

我国农业发展面临资源、环境等多重压力，因而发展能够节约水资源、减少氮流失等的技术变得日益重要。未来的品种选育应在综合考虑资源节约、环境保护及增产潜力的基础上，关注培育氮利用率高、节水的作物品种，以及培育一些覆盖作物以减少水土流失且有利于碳吸存。此外，也应支持开展有利于应对气候变化等问题的作物性状研究，协同推进我国农业现代化发展和绿色增长。

5. 建立完整的育种信息管理和数据分析系统，提升育种效率

商业化育种的核心是分工化、流程化、信息化，但在育种信息管理方面国内种业与国外著名种子公司还存在很大差距。在科研单位和种子公司，虽然每年有大量的人员和资金投入到育种工作中，但是育种的各个流程处于隔断状态，数据的管理、分析和利用不系统，管理效率低。因此，迫切需要集成应用计算机、人工智能等技术，通过大数据、物联网等现代信息技术与传统育种技术的融合创新，构建“互联网 + 商业化育种大数据平台，将信息管理、数据管理、数据分析等信息整合起来，提高育种的效率。

附　　录

附录一　国内外种业企业名录

序号	国际 TOP10 种企名称	序号	国内 TOP10 种企名称
1	孟山都（Momsanto）	1	中国种子集团公司
2	杜邦（Dupout）	2	袁隆平农业高科技股份有限公司
3	先正达（Syngenta）	3	山东登海种业股份有限公司
4	利马格兰（Limagrain）	4	甘肃省敦煌种业股份有限公司
5	德国 KWS AG 公司	5	合肥丰乐种业股份有限公司
6	Land O' lakers	6	北京德农种业有限公司
7	拜耳生物	7	安徽荃银高科种业股份有限公司
8	Sakate Delta	8	北京奥瑞金农业高科技股份有限公司
9	Delta & Pine Land	9	辽宁东亚种业有限公司
10	DLF Trifoliu	10	北大荒垦丰种业股份有限公司

附录二　2016年中国种业信用骨干企业名录

序号	企业名称	序号	企业名称
1	袁隆平农业高科技股份有限公司	30	河南秋乐种业科技股份有限公司
2	山东登海种业股份有限公司	31	四川同路农业科技有限责任公司
3	北大荒垦丰种业股份有限公司	32	山东冠丰种业科技有限公司
4	北京金色农华种业科技有限公司	33	湖南希望种业科技股份有限公司
5	中国种子集团有限公司	34	武汉武大天源生物科技股份有限公司
6	江苏省大华种业集团有限公司	35	湖北省种子集团有限公司
7	合肥丰乐种业股份有限公司	36	河间市国欣农村技术服务总会
8	辽宁东亚种业有限公司	37	安徽皖垦种业股份有限公司
9	安徽荃银高科种业股份有限公司	38	雪川农业发展股份有限公司
10	北京奥瑞金种业股份有限公司	39	湖北惠民农业科技有限公司
11	甘肃省敦煌种业股份有限公司	40	湖南奥谱隆科技股份有限公司
12	广西兆和种业有限公司	41	河南省豫玉种业股份有限公司
13	海南神农大丰种业科技股份有限公司	42	河南金苑种业有限公司
14	山东圣丰种业科技有限公司	43	江苏金土地种业有限公司
15	九圣禾种业股份有限公司	44	湖南科裕隆种业有限公司
16	齐齐哈尔市富尔农艺有限公司	45	江苏中江种业股份有限公司
17	三北种业有限公司	46	江西天涯种业有限公司
18	北京德农种业有限公司	47	山东农兴种业股份有限公司
19	山东中农天泰种业有限公司	48	河北巡天农业科技有限公司
20	江苏神农大丰种业科技有限公司	49	北京屯玉种业有限责任公司
21	山西强盛种业有限公司	50	创世纪种业有限公司
22	仲衍种业股份有限公司	51	吉林省鸿翔农业集团鸿翔种业有限公司
23	四川国豪种业股份有限公司	52	莱州市金海种业有限公司
24	浙江勿忘农种业股份有限公司	53	大民种业股份有限公司
25	黑龙江省龙科种业集团有限公司	54	河南金博士种业股份有限公司
26	山东鑫丰种业股份有限公司	55	河南黄泛区地神种业有限公司
27	新疆塔里木河种业股份有限公司	56	江苏明天种业科技股份有限公司
28	广西恒茂农业科技有限公司	57	河南滑丰种业科技有限公司
29	北京联创种业股份有限公司		

来源：中国种子协会

注：序号1–10企业为中国种业信用明星企业

附录三　2016年中国蔬菜种业信用骨干企业名录

序号	企业名称	序号	企业名称
1	京研益农（北京）种业科技有限公司	9	天津科润农业科技股份有限公司
2	广东省良种引进服务公司	10	绵阳市全兴种业有限公司
3	山东省华盛农业股份有限公司	11	济源市绿茵种苗有限责任公司
4	农友种苗（中国）有限公司	12	南宁市桂福园农业有限公司
5	青岛胶研种苗有限公司	13	胶州市东茂蔬菜研究所
6	重庆科光种苗有限公司	14	北京华耐农业发展有限公司
7	厦门中厦蔬菜种子有限公司	15	上海惠和种业有限公司
8	天津德瑞特种业有限公司		

来源：中国种子协会

附录四　中国作物育种重点专利列表

<table>
<tr><th>序号</th><th>公开号</th><th>专利名称</th><th>专利权人</th><th>专利强度</th><th>公开时间</th><th>申请号</th><th>发明人</th></tr>
<tr><td>1</td><td>CN103718895</td><td>Method for controlling injurious insects</td><td>Beijing Dabeinong Technology Group Co., Ltd.</td><td>75</td><td>2014/4/16</td><td>CN20131576970</td><td>Pang, Jie|Ding, Derong|Tian, Cong|Yang, Xu|Zhang, Yunzhu</td></tr>
<tr><td>2</td><td>CN103719136</td><td>Pest control method</td><td>Beijing Dabeinong Technology Group Co., Ltd.</td><td>71</td><td>2014/4/16</td><td>CN20131573441</td><td>Kang, Yuejing|Wang, Dengyuan|Jiao, Guowei|Tian, Cong|Zhang, Yunzhu</td></tr>
<tr><td>3</td><td>CN103757049</td><td>Pest control constructor and method thereof</td><td>Beijing Dabeinong Technology Group Co., Ltd.</td><td>58</td><td>2014/4/30</td><td>CN20131722915</td><td>Han, Chao|Pang, Jie|Ding, Derong|Li, Shengbing</td></tr>
<tr><td>4</td><td>CN103725704</td><td>Construct for controlling insect pests and method thereof</td><td>Beijing Dabeinong Technology Group Co., Ltd.</td><td>57</td><td>2014/4/16</td><td>CN2014123313</td><td>Han, Chao|Pang, Jie|Ding, Derong|Li, Shengbing|Yue, Jianting</td></tr>
<tr><td>5</td><td>CN102283114</td><td>Orchid aseptic seeding and test tube seedling breeding method and used broad-spectrum culture mediums</td><td></td><td>56</td><td>2011/12/21</td><td>CN20111171647</td><td></td></tr>
<tr><td>6</td><td>CN102584965</td><td>Bryophyte reversal-resistant protein pplea3-20 and encoding gene and application thereof</td><td>Capital Normal University</td><td>56</td><td>2012/7/18</td><td>CN2011104413</td><td>Suxia, Cui|Yikun, He|Tiegang, Lu|Zhiguo, Zhang|Baojiu, Cao|Xiaoxuan, Song|Yang, Song|Pingliang, Lin|Guilin, Ren|Xi, Chen|Shilei, Guo</td></tr>
</table>

（续表）

序号	公开号	专利名称	专利权人	专利强度	公开时间	申请号	发明人
7	CN103739683	Insecticidal protein, and encoding gene and use thereof	Beijing Dabeinong Technology Group Co., Ltd.	54	2014/4/23	CN2014123686	Han, Chao|Pang, Jie|Ding, Derong|Li, Shengbing
8	CN101148672	Soybean abloom time adjusting gene gal2 and application thereof	Institute Of Crop Science, Chinese Academy Of Agricultural Science	51	2008/3/26	CN20061113199	Chentao, Lin|Yongfu, Fu|Tongda, Xu|Jiaohui, Xu|Hongyu, Li
9	CN101919351	Production method of hybrid rice	Beijing Jsnh Seed Science & Technology Co., Ltd.	50	2010/12/22	CN2009186932	Menghai, Lu|Hui, Li
10	CN101919353	Breeding method of hybrid rice seed	Beijing Jsnh Seed Science & Technology Co., Ltd.	50	2010/12/22	CN2009186934	Huilian, Zhang|Hui, Li
11	CN102090315	Method for producing hybrid rice seeds chuanxiangzhan	Beijing Gold Agricultural Seed Industry Co., Ltd.	50	2011/6/15	CN20091241468	Shaoming, Li|Chunping, Tan|Daming, Xu|Hui, Li
12	CN102090316	Method for producing rice hybrid guangliangyou 206	Beijing Gold Agricultural Seed Industry Co., Ltd.	50	2011/6/15	CN20091241469	Lunyou, Ding|Shaoming, Li|Daming, Xu|Hui, Li
13	CN102304528	Magnaporthe oryzae avirulence gene avrpik/kp/km/kh/7 and application thereof	South China Agricultural University	49	2012/1/4	CN20111154034	Qinghua, Pan|Wenjuan, Wang|Weihuai, Wu|Shujie, Feng|Fei, Lin|Ling, Wang

（续表）

<table>
<tr><th>序号</th><th>公开号</th><th>专利名称</th><th>专利权人</th><th>专利强度</th><th>公开时间</th><th>申请号</th><th>发明人</th></tr>
<tr><td>14</td><td>CN102972243</td><td>Method for controlling pests</td><td>Beijing Dabeinong Technology Group Co., Ltd.</td><td>48</td><td>2013/3/20</td><td>CN20121533580</td><td>Han, Chao|Pang, Jie|Kang, Yuejing|Liu, Haili|Zhang, Yunzhu|Zhang, Chengwei|Xu, Chunping|Wei, Mei|Huang, Jincun|Tian, Kangle|Wang, Qianqin</td></tr>
<tr><td>15</td><td>CN101940158</td><td>Method for rapidly propagating plantlets by utilizing bletilla striata seeds</td><td>Zhengan Luye Technology Industry Co., Ltd.</td><td>48</td><td>2011/1/12</td><td>CN20091102668</td><td>Shuyong, Zhou|Renquan, Zhao|Guangqiong, Luo|Xiuyue, Zhang|Zhengying, Yang|Chun, Cai</td></tr>
<tr><td>16</td><td>CN101704885</td><td>Protein for controlling heading stage and seed size of paddy rice and encoding gene thereof</td><td>Sichuan Agricultural University</td><td>47</td><td>2010/5/12</td><td>CN20091250527</td><td>Weilan, Chen|Chongyun, Fu|Shigui, Li|Bingtian, Ma|Xinhao, Ouyang|Yuping, Wang</td></tr>
<tr><td>17</td><td>CN101760539</td><td>Development and class of genetic marker</td><td>Li Xiang</td><td>47</td><td>2010/6/30</td><td>CN20081238630</td><td>Xiang, Li</td></tr>
<tr><td>18</td><td>CN101659993</td><td>Molecular biology identification method for dry sea cucumbers</td><td>Ocean University Of China</td><td>46</td><td>2010/3/3</td><td>CN2009115703</td><td>Yunwei, Dong|Xianliang, Meng|Tingting, Ji|Shuanglin, Dong|Xin, Yue|Qinglin, Wang|Xiangli, Tian|Fang, Wang</td></tr>
<tr><td>19</td><td>CN101999316</td><td>Breeding method of cytoplasmic male sterile line of brassica napus</td><td>Shen Changjian; Fu Donghui; Chen Zhanghua; Shen Wenxiang</td><td>45</td><td>2011/4/6</td><td>CN2009144252</td><td>Changjian, Shen|Donghui, Fu|Zhanghua, Chen|Wenxiang, Shen</td></tr>
<tr><td>20</td><td>CN101492671</td><td>Method for cloning rice auxin induced protein gene</td><td>Tianjin Agricultural College</td><td>43</td><td>2009/7/29</td><td>CN2008152139</td><td>Zhongyou, Pei|Shoujun, Sun|Zifang, Li|Feng, Luo</td></tr>
</table>

（续表）

<table>
<tr><th>序号</th><th>公开号</th><th>专利名称</th><th>专利权人</th><th>专利强度</th><th>公开时间</th><th>申请号</th><th>发明人</th></tr>
<tr><td>21</td><td>CN1597969</td><td>Double t–dna carrier and its application in cultivating of non selecting sign transgene rice</td><td>Yangzhou Univ.</td><td>43</td><td>2005/3/23</td><td>CN2004164691</td><td>Liu, Qiaoquan|Xin, Shiwen|Yu, Hengxiu</td></tr>
<tr><td>22</td><td>CN102893853</td><td>Production method of hybrid rice seeds xinrongyou 837</td><td>Beijing Jinse Nonghua Seed Science & Technology Co., Ltd.</td><td>43</td><td>2013/1/30</td><td>CN20121366970</td><td>Tan, Chunping|Wen, Xiangming|Wang, Duo</td></tr>
<tr><td>23</td><td>CN1896239</td><td>Production of recombinant human serum albumin with rice–embryo milk cell as biological reactor</td><td>Wuhan Healthgen Biotechnology Corp.</td><td>42</td><td>2007/1/17</td><td>CN2005119084</td><td>Yang, Daichang</td></tr>
<tr><td>24</td><td>CN101213940</td><td>Fast replication method for dendrobium</td><td>Kunming Institute Of Botany, Chinese Academy Of Sciences</td><td>41</td><td>2008/7/9</td><td>CN2008158043</td><td>Chunlin, Long|Zhiying, Cheng|Jifeng, Luo</td></tr>
<tr><td>25</td><td>CN102484980</td><td>Hybrid wheat breeding method</td><td>Mi Shangling</td><td>41</td><td>2012/6/6</td><td>CN20101566605</td><td>Shangling, Mi</td></tr>
<tr><td>26</td><td>CN101843218</td><td>Emulated wild zoology planting method for dendrobium of ficinal</td><td>Guangzhou Huiyuan Agricultural Science And Technol</td><td>41</td><td>2010/9/29</td><td>CN20101163935</td><td>Aiming, Xie</td></tr>
<tr><td>27</td><td>CN102206632</td><td>Para–gene for exogenous insertion vector of transgenic maize transformation event mon88017 and application thereof</td><td>Shandong Academy Of Agricultural Sciences Plant Protection Research Institute</td><td>40</td><td>2011/10/5</td><td>CN2011158482</td><td>Xingbo, Lu|Lei, Yuan|Hongwei, Sun|Haibin, Wu|Fan, Li|Wei, Han</td></tr>
</table>

附录五　中国种业发展政策与法律法规

1. 中国种业发展政策

时间	事件	主要内容
2004	中央一号文件	《中共中央国务院关于促进农民增加收入若干政策的意见》：加强大宗粮食作物良种繁育，支持主产区建立和改造一批大型农产品加工、种子营销和农业科技型企业，在小麦、大豆等粮食优势产区扩大良种补贴范围
2005	中央一号文件	《中共中央国务院关于进一步加强农村工作提高农业综合生产能力若干政策的意见》：对部分地区农民实行良种补贴，加大良种良法的推广力度，搞好良种培育和供应
2006	中央一号文件	《中共中央国务院关于推进社会主义新农村建设的若干意见》：继续实施种子工程，加强种质资源和知识产权保护，增加良种补贴
2006	十一五规划	《全国农业和农村经济发展第十一个五年规划（2006—2010 年）》：稳定粮食播种面积，继续实施国家种子工程，加快超级稻等高产优质良种的选育推广，加快转基因农作物种子产业化进程
2007	中央一号文件	《中共中央国务院关于积极发展现代农业扎实推进社会主义新农村建设的若干意见》：加大良种补贴力度，扩大补贴范围和品种；加快普及农作物精量半精量播种技术；继续实施优质粮食产业、种子、植保和粮食丰产科技等工程
2008	中央一号文件	《中共中央国务院关于切实加强农业基础设施建设进一步促进农业发展农民增收的若干意见》：启动转基因生物新品种培育科技重大专项，加快实施种子工程；增加粮食直补、良种补贴，扩大良种补贴范围；
2008	中共十七届三中全会	《中共中央关于推进农村改革发展若干重大问题的决定》：健全农业补贴制度，扩大范围，提高标准，完善办法，特别要支持增粮增收，逐年较大幅度增加农民种粮补贴；加强农业技术研发和集成，重点支持生物技术、良种培育、丰产栽培等领域科技创新，实施转基因生物新品种培育科技重大专项，尽快获得一批具有重要应用价值的优良品种。
2008	国务院常务会议	《国家粮食安全中长期纲要（2008—2020 年）》，实施包括生物育种专项、种子工程等在内的粮食生产能力建设重点工程，使良种覆盖率稳定在 95% 左右
2009	中央一号文件	《中共中央国务院关于 2009 年促进农业稳定发展农民持续增收的若干意见》：增加对种粮农民直接补贴。加大良种补贴力度，提高补贴标准，实现水稻、小麦、玉米、棉花全覆盖，扩大油菜和大豆良种补贴范围。

（续表）

时间	事件	主要内容
2009	国务院常务会议	《全国新增 500 亿 kg 粮食生产能力规划（2009—2020 年）》：到 2020 年粮食良种覆盖率保持在 95% 以上，实现良种全面更新 1~2 次，种子商品化供种水平达到 85% 以上，科技贡献率由 48% 提高到 55%
2010	中央一号文件	《中共中央国务院关于加大统筹城乡发展力度进一步夯实农业农村发展基础的若干意见》：推动国内种业加快企业并购和产业整合，引导种子企业与科研单位联合，抓紧培育有核心竞争力的大型种子企业
2011	国务院常务会议	《国务院关于加快推进现代农作物种业发展的意见》：坚持企业主体地位，建立商业化育种体系，推动种子企业兼并重组，加强种子生产基地建设，严格品种审定和保护，强化市场监督管理，加强农作物种业国际合作交流，制定现代农作物种业发展规划，加大对企业育种投入，实施新一轮种子工程
2011	十二五规划	《全国种植业发展十二五规划》：确保粮食基本自给，加快构建现代种业体系，确保供种数量和质量安全，提升种业科技水平，推进新一轮种子工程
2012	中央一号文件	《关于加快推进农业科技创新持续增强农产品供给保障能力的若干意见》：支持育繁推一体化种子企业，加快建立以企业为主体的商业化育种新机制。优化调整种子企业布局，提高市场准入门槛，推动种子企业兼并重组，鼓励大型企业通过并购、参股等方式进入种业
2013	国务院办公厅关于深化种业体制改革提高创新能力的意见	为进一步贯彻落实《国务院关于加快推进现代农作物种业发展的意见》（国发〔2011〕8 号）和《国务院办公厅关于加强林木种苗工作的意见》（国办发〔2012〕58 号）
2014	《农业部关于深入贯彻落实中央 1 号文件加快农业科技创新与推广的实施意见》	《意见》指出进一步明确了新时期加快农业科技创新与推广的思路目标。
2015	2015 年国家深化农村改革、发展现代农业、促进农民增收政策措施	其中，包括推进现代种业发展支持政策，将通过实施中央财政对国家制种大县奖励政策，继续开展新品种展示示范等措施推进现代种业发展

2. 中国种业主要法律法规

时间	相关法律法规
1989 年 3 月	国务院令第 31 号发布《中华人民共和国种子管理条例》，自 1989 年 5 月 1 日起施行
1991 年 6 月	《中华人民共和国种子管理条例农作物种子实施细则》颁布并即日实施
1997 年 3 月	《中华人民共和国植物新品种保护条例》颁布
2000 年 12 月	《中华人民共和国种子法》施行，《中华人民共和国种子管理条例》同时废止

（续表）

时间	相关法律法规
2001 年 2 月	《主要农作物品种审定办法》出台
2001 年 2 月	《农作物商品种子加工包装规定》出台
2001 年 2 月	《农作物种子生产经营许可证管理办法》（农业部令第 48 号）颁布实施并沿用至今
2001 年 2 月	《农作物种子标签管理办法》出台
2001 年 5 月	《农作物转基因生物安全管理条例》颁布
2003 年 10 月	《农作物种质资源管理办法》出台
2004 年 8 月 28 日	中华人民共和国主席令第 26 号公布并施行《中华人民共和国种子法》修正本
2006 年	《国务院办公厅关于推进种子管理体制改革加强市场监管的意见》颁布，有关种业企业管理体制的改革逐步拉开序幕
2006 年 11 月	《农产品质量安全法》颁布
2011 年 9 月	《农作物种业生产经营许可管理办法》正式施行
2012 年	农业部组织修订了《种子生产经营许可管理办法》
2012 年 11 月	《种子行业信用企业年度复查管理暂行办法》出台
2015 年 8 月	《种子法》修订

参 考 文 献

[1] 刘定富 . 2009. 全球种业发展的大趋势 . 湖北惠民农业科技有限公司 [EB/OL].05.04, http://www.wtoutiao.com/p/s541AW.html.

[2] 王彦霞，海波 . 2001. 作物育种技术的发展、进步及存在的问题 [J]. 河北农业科学，5（2）：6–72.

[3] 康乐，王海洋 . 2014. 我国生物技术育种现状与发展趋势 [J]. 中国农业科技导报，16（1）：16–23.

[4] Clive James. 2015. 2014 年全球生物技术 / 转基因作物商业化发展态势 [J]. 中国生物工程杂志，35（1）：1–14.

[5] 李文兰，杨祖国 .2004. 1993—2002 年情报学科研究主题分析 [J]. 图书情报工作，07:96–99.

[6] 黄鲁成，张静 .2014. 基于专利分析的产业共性技术识别方法研究 [J]. 科学学与科学技术管理，04：80–86.

[7] 马永涛，张旭，傅俊英，等 . 2014. 核心专利及其识别方法综述 [J]. 情报杂志，33（5）：38–43.

[8] 中国科学院农业领域战略研究组 . 2009. 中国至 2050 年农业科技发展路线图 [M]. 科学出版社 .

[9] 中华人民共和国科技部 . 2012. 整体推进中国新型种业发展体系建设——访科技部副部长张来武 [EB/OL]. 02.22，http://www.most.gov.cn/kjbgz/201202/t20120221_92577.htm.

[10] 王全辉，李争 . 2012. 中国种业发展现状问题及其政策建议 [J]. 中国农学通报，28(35):148–151.http://news.xinhuanet.com/tech/2012–08/23/c_112825680.htm.

[11] 李军民，宋维平，李绍明，等 . 2010. 北京籽种企业发展现状及建议 [J]. 中国种业，4：9–11.

[12] 刘欣 . 2012. 北京籽种产业发展 SWOT 分析及对策 [J]. 北京农业职业学院学报，26（6）：6–10.

[13] Syngenta-annual-review-2014. [EB/OL].(2016-03). https://www.statista.com/study/26764/syngenta-s-business-information-2014/

[14] 慧聪食品工业网 . 2009. 陶氏益农致力于成为世界一流的种籽公司 [J]. 上海化工，04:38.

[15] 世界农化网 . 2015. 陶氏益农完成对 Coodetec 种子业务的收购加快进入巴西大豆市场，[EB/OL].02.03，http://cn.agropages.com/News/NewsDetail---8881.htm.

[16] Chen, C. 2006. CiteSpace II: Detecting and visualizing emerging trends and transient patterns in scientific literature[J]. Journal of the American Society for Information Science and Technology，57(3)：359-377.

[17] Thomson Data Analyzer. Available from: http://thomsonreuters.com/en/products-services/intellectual-property/patent-research-and-analysis/thomson-data-analyzer.html.

[18] Goff S A, Ricke D, Lan Tien-Hung, et al. 2002. A Draft Sequence of the Rice Genome (*Oryza sativa L. ssp. japonica*)[J]. Science，296 (5565): 92-100.

[19] Vos P, Hogers R, Bleeker M, et al. 1995. AFLP: a new technique for DNA fingerprinting[J]. Nucleic Acids Research，23(21): 4 407-4 414.

[20] The Arabidopsis Genome Initiative. 2000. Analysis of the genome sequence of the flowering plant *Arabidopsis thaliana* [J]. Nature，408: 796-815.

[21] Sasaki T, Matsumoto T, Yamamoto K, et al. 2002. The genome sequence and structure of rice chromosome[J]. Nature，420: 312-316.

[22] Yu J, Hu S, Wang J，et al. 2002. A Draft Sequence of the Rice Genome (*Oryza sativa* L. ssp. *indica*)[J]. Science，296(5565): 79-92.

[23] Schmutz J,Cannon S B, Schlueter J，et al. 2010. Genome sequence of the palaeopolyploid soybean [J]. Nature，463: 178-183.

[24] 赵冬梅 , 张风廷 , 刘亚 , 等 . 2010. 北京籽种产业科技创新现状调研与发展建议 [J]. 中国种业，(7): 9-12.

[25] 吕玉平 . 2013. 中国生物种业发展的问题、机遇及策略 [J]. 中国农业科技导报，15(1)：7-11.

[26] 胡瑞法，黄季焜，项诚，等 . 2010. 中国种子产业的发展、存在问题和政策建议 [J]. 中国科技论坛，(12)：123-128.

[27] 章政 . 2013. 中国种子产业发展对策研究 [D]. 哈尔滨：东北农业大学硕士学位论文 .

[28] 王元宝 . 2015. 基于知识网络视角的玉米种子产业链创新模式研究 [D]. 北京：中国农业大学博士学位论文 .

[29] 张兴中，陈兆波，董文，等 . 2011. 我国种业科技创新的战略思考 [J]. 湖北农业科学，(24)：5 021–5 024.

[30] 张哲 . 2014. 我国种业创新面临的困境及突破 [J]. 中国商贸，(23)：206–209.

[31] 范宣丽，刘芳，何忠伟 . 2015. 北京种子企业市场竞争力研究 [J]. 中国种业，03：1–4.

[32] 王磊 . 2014. 全球一体化背景下中国种业国际竞争力研究 [D]. 北京：中国农业科学院 .

[33] 张宁宁 . 2015. 开放环境下中国种业发展研究 [D]. 北京：中国农业大学 .

[34] 杨伟光 . 2009. 大力推进北京籽种产业发展 [EB/OL]. 05.04. http://news.sciencenet.cn/sbhtmlnews/2009/5/218995.html?id=218995.

[35] 周铮 . 2010. 籽种产业科技创新，重构北京现代农业 [EB/OL]. 06. 08. http://www.farmer.com.cn/wlb/nmrb/nb5/200906080053.htm.

[36] 张铭堂，段民孝，赵久然，等 . 2009. 玉米单倍体加倍（DH）系籽粒性状表现的研究 [J]. 华北农学报，24（1）：128–132.

[37] 陈燕娟 . 2012. 基于知识产权视角的中国种子企业发展战略研究 [D] . 武汉：华中农业大学 .

[38] 农业部种子管理局 . 2015. 2015 年中国种业发展报告 [M]. 中国农业出版社，2015

[39] 国务院发展研究中心农村经济研究部，伍振军 . 2015. 制约我国种业发展的突出问题及政策建议 [N]. 中国经济时报 . 12.02.

[40] 高麟，李爽，徐岩 . 2015. 中国种业企业发展状况分析 [J]. 市场研究，12：16–18.

[41] 贺利云 . 2016. 中国种子企业走出去现状、问题及建议 [J]. 中国种业，04:1–3.

[42] 金京花，刘彤，张强，等 . 2014. 浅谈我国种业发展存在的问题及对策 [J]. 北方水稻，06：67–69，66.

[43] 王圆荣，张君慧，侯立功，等 . 2014. 试论我国种业发展存在的三个问题 [J]. 种子科技，04：31–33.

[44] 梁文艳 . 2014. 试论我国种业发展存在问题及解决途径 [J]. 种子科技，09：18–19.

[45] 赵汝坤，李建奇 . 2014. 我国种业面临的问题及其发展对策 [J]. 中国种业，07：4–6.

[46] 尚勋武 . 2014. 对我国种业发展几个问题的思考 [N]. 农民日报，06.09（06）.

[47] 赵博，王丽英，蔡菲菲，等 . 2013. 我国种业发展现状、制约问题及战略对策研究 [J]. 种子，06：64–66.

[48] 李飞 . 2016. 浅议结构调整下种子企业的发展方向 [J]. 种子科技，05：12–13.

[49] 李恩普，闫祥升 . 2005. 中国种子企业与产业发展 [J]. 中国种业，01：5–6.

[50] 曾松亭 . 2006. 中国种子企业竞争力研究 [D]. 北京：中国农业科学院 .

[51] 王文林 . 2013. 我国种业存在的问题及解决对策 [J]. 现代农业，02：52–54.

[52] 马广鹏 . 2013. 关于构建商业化育种体系的认识与思考 [J]. 东北农业大学学报（社会科学版），03：87–91.

[53] 邱振国，张平湖 . 2012. 政策扶持背景下的我国种业发展现状及前景分析 [J]. 广东农业科学，15：224–226+230.

[54] 周正剑，邱龙，李晨章，等 . 2012. 国内外种业发展现状剖析 [J]. 中国种业，10：1–4.

[55] 张国志，卢凤君，刘晴 . 2015. 新形势下我国种子企业融资问题研究 [J]. 北方金融，10：15–17.

[56] 张国志，卢凤君，刘明 . 2016. 论我国现代种业发展的金融支持 [J]. 种子科技，04：32–33+35.

[57] 季牧青 . 2015. 农作物种业行业分析及对相关金融服务的思考 [J]. 农村金融研究，04：72–76.

[58] 刘为更，杨今胜，陈亭，等 . 2014. 我国商业化育种体系的建设探讨 [J]. 农业科技通讯，04：4–5+8.

[59] 柴玮 . 2010. 我国种业发展几个问题的思考与建议 [J]. 中国种业，06：9–11.

[60] 王富胜，潘晓春 . 2012. 国际种业发展趋势与中国种业未来发展策略 [J]. 世界农业，09：110–114.

[61] Office of the Chief Scientist Research, Education, and Economics Mission Area. 2015. USDA Roadmap for Plant Breeding[EB/OL].(2015–03–11). http://www.usda.gov/documents/ usda–roadmap–plant–breeding.pdf.

[62] ARS National Program 301 Action Plan – 2013–2017[EB/OL]. 2013. http://www.ars.usda.gov/SP2UserFiles/Program/301/NP%20301%20Action%20Plan%202013–2017%20FINAL.pdf.

[63] United States Department of Agriculture. 2014. USDA Awards $6.5 Million to Support Plant

Research[EB/OL].[2014-12-01].http://www.nifa.usda.gov/ newsroom/ news/ 2014news/ 12011_plant_research_awards.html

[64] Agriculture and Agri-Food Canada. 2016. Overview of Science and Technology Branch Sector Science Strategies[EB/OL].(2016-02-08).http://www.agr.gc.ca/eng/about-us/planning-and-reporting/overview- of-science-and-technology-branch-sector-science-strategies/

[65] Agriculture and Agri-Food Canada. 2014. Appendix A: Strategic Objectives and Areas of Focus[EB/OL].(2014-08-06).http://www.agr.gc.ca/eng/about-us/planning-and-reporting/overview -of-science-and-technology-branch-sector-science-strategies-appendix-a/?id=1405976051100

[66] Agriculture and Agri-Food Canada. 2016. Growing forward 2[EB/OL].(2016-07-14),http://www.agr.gc. ca/eng/about-us/key-departmental-initiatives/growing-forward-2/

[67] Genomics R&D Initiative. 2015. About the GRDI[EB/OL].[2015-09-09].http://grdi-irdg.collaboration.gc.ca/eng/about/index.html

[68] Government of Canada. 2014. committed to leading genomics research[EB/OL].（2014-07-10）[2015-01-16]. http://www.nrc-cnrc.gc.ca/eng/news/releases/2014/genomics_research.html

[69] Genomics R&D Initiative. 2016. ARCHIVED - Annual Performance Report 2013-2014 [R/OL] .(2016-05-20). http://grdi-irdg.collaboration.gc.ca/eng/annual_reports/2013_2014.html

[70] Genomics R&D Initiative. 2012. ARCHIVED - Annual Performance Report 2012-2013 [R/OL].[(2012-10-26). http://grdi-irdg.collaboration.gc.ca/eng/annual_reports/2012_2013.html

[71] Genomics R&D Initiative. 2013. ARCHIVED - Annual Performance Report 2011-2012 [R/OL].(2013-12-12). http://grdi-irdg.collaboration.gc.ca/eng/annual_reports/2011_2012html

[72] Genomics R&D Initiative. 2010. ARCHIVED - Annual Performance Report 2010-2011 [R/OL].(2010-02-16). http://grdi-irdg.collaboration.gc.ca/eng/annual_reports/2010_2011.html

[73] Genomics R&D Initiative. 2010. ARCHIVED - Annual Performance Report 2009-2010 [R/OL].(2010-02-16). http://grdi-irdg.collaboration.gc.ca/eng/annual_reports/2019_2010.html

[74] Genomics R&D Initiative. 2010. ARCHIVED - Annual Performance Report 2008-2009 [R/OL].(2010-02-16). http://grdi-irdg.collaboration.gc.ca/eng/annual_reports/2008_2009.html

[75] Genomics R&D Initiative. 2010. ARCHIVED – Annual Performance Report 2007–2008 [R/OL].(2010–02–16). http://grdi–irdg.collaboration.gc.ca/eng/annual_reports/2007_2008.html

[76] Genomics R&D Initiative. 2010. ARCHIVED – Annual Performance Report 2006–2007 [R/OL].(2010–02–25). http://grdi–irdg.collaboration.gc.ca/eng/annual_reports/2006_2007.html

[77] Agriculture and Agri–Food Canada. 2013. Agri–food and 'omics technologies for better food and nutrition[R/OL].(2013–11–06).http://www.cesibiotech.com/files/+10D_Agri_food_and_omics_ technologies_for_better_food_and_nutrition.pdf

[78] Genome Canada. 2016. Annual Report 2015–2016[R/OL].(2016–03–31). http://www.genomecanada.ca/ sites/ genomecanada/files/flipbook/index.html

[79] Genome Canada. 2012. Genome Canada Strategic Plan 2012–2017[R/OL]. http://www.genomecanada. ca/sites/genomecanada/files/publications/gc_strategic–plan–full–version.pdf

[80] National Research Council Canada. 2015. Canadian wheat improvement program[EB/OL].(2015–10–08). http://www.nrc–cnrc.gc.ca/eng/solutions/collaborative/wheat_index.html

[81] National Research Council Canada. 2013. Canada to improve the yield, sustainability and profitability of Canadian wheat[EB/OL].(2013–10–03).http://www.nrc–cnrc.gc.ca/eng/news/releases/2013/wheat_nrc.html

[82] European Commission. 2015. Competitiveness and Innovation Framework Programme (CIP) [EB/OL].(2015–09–03).http://ec.europa.eu/cip/

[83] Community Research and Development Information Service. 2016. Recombination: an old and new tool for plant breedingt[EB/OL].(2016–01–08).http://cordis.europa.eu/project/rcn/89895_en.html

[84] Community Research and Development Information Service. 2013. EU research projects under FP7 (2007–2013)[EB/OL].（2013–11–27）[2015–11–11]. https://open–data.europa.eu/en/data/dataset/ cordisfp7projects

[85] Community Research and Development Information Service. 2016. Aquired Environmental Epigenetics Advances: from Arabidopsis to maize[EB/OL].（2016–01–08）. http://cordis.europa.eu/ project/rcn/90716_en.html

[86] European Commission. 2014. Improving nutrient use efficiency in major European food, feed and biofuel crops to reduce the negative environmental impact of crop production (Project

NUE-crops) [R/OL]. http://ec.europa.eu/research/fp7/pdf/19072010/nue_crops_-_kbbe.pdf.

[87] Community Research and Development Information Service. 2014. Development of super-wheat crops by introgressing agronomic traits from related wild species[EB/OL].http://cordis.europa. eu/project/rcn/92727_en.html

[88] University of Birmingham. 2014. Novel characterization of crop wild relative and landrace resources as a basis for improved crop breeding[EB/OL].http://www.pgrsecure.bham.ac.uk/home

[89] John Innes Center. 2014. Genetics and physiology of wheat development to flowering: Tools to breed for improved adaptation and yield potential[EB/OL].https://www.jic.ac.uk/adaptawheat / about.htm

[90] Community Research and Development Information Service. 2012. New project for breeding drought- and disease-proof crops [EB/OL].(2012-04-02).http:// cordis.europa.eu/fetch?CALLER =EN_NEWS&ACTION=D&SESSION=&RCN=34468

[91] Community Research and Development Information Service. 2015. Next generation disease resistance breeding in plants [EB/OL].(2015-03-10).http://cordis.europa.eu/project/rcn/103161_ en.html

[92] Community Research and Development Information Service. 2016. Wheat and barley Legacy for Breeding Improvement [EB/OL].[2016-01-08].http://cordis.europa.eu/project/rcn/110426_en.html

[93] COBRA: a new European research project for organic plant breeding[EB/OL].(2014-07-29). http://www.cobra-div.eu/7th-july-2014-assembly/orc_henry-creissen_introduction_poster-p1/

[94] Coordinating Organic Plant Breeding Activities for Diversity [EB/OL].http://www.cobra- div.eu/aim-and-objectives/

[95] European Commission Decision C. 2015. Food security, sustainable agriculture and forestry, marine and maritime and inland water research and the bioeconomy//Horizon 2020 Work Programme 2014 - 2015 [EB/OL].(2015-04-17). http://ec.europa.eu/research/participants/data/ ref/h2020/wp/ 2014_2015/ main/h2020-wp1415-food_en.pdf

[96] MEPs call on EU to support a competitive plant breeding sector[EB/OL].(2014-02-28). http://

www.bspb.co.uk/sg_userfiles/28_February_2014.pdf

[97] The National Science Academies of the EU-member states. 2013. Planting the future: opportunities and challenges for using crop genetic improvement technologies for sustainable agriculture [EB/OL]. (2013-06-27). http://www.easac.eu/home/reports-and-statements/detail-view/article/ planting-the.html

[98] Wheat Initiative Strategic Research Agenda.[EB/OL]. (2015-07).https://inra-dam-front-resources-cdn.brainsonic.com/ressources/afile/294280-7a422-resource-wheat-initiative-strategic-research-agenda.html

[99] Monsanto. What We Do.http://discover.monsanto.com/discover-us/

[100] Monsanto at a Glance[EB/OL].http://www.monsanto.com/whoweare/pages/default.aspx

[101] Monsanto 2012 Annual Report[EB/OL]. http://www.monsanto.com/investors/Documents/Annual%20Report/ 2012/monsanto-2012-annual-report.pdf.

[102] International Service For the Acquisition of Agri-biotech Application. 2014. Global Commercial Seeds Market Expected to Reach USD53.32B in 2018[EB/OL]. (2014-05-14). http://www.isaaa.org/kc/cropbiotechupdate/article/default.asp?ID=12305.

[103] Transparency Market Research. 2013. Commercial (Conventional and Biotech/GM) Seeds Market for Soybean, Corn, Cotton and Others - Global Industry Analysis, Size, Share, Growth, Trends and Forecast, 2012 - 2018[EB/OL].(2013-07-11). http://www.transparencymarketresearch.com/ commercial-seeds-market.html

[104] 詹琳，陈健鹏 . 2014. 全球现代种业的演进轨迹——基于三大跨国种业公司成长视角[J]. 农业经济与管理，27（5）: 77-89.

[105] Monsanto 2014 Annual Report.http://www.monsanto.com/investors/documents/annual%20report/2014/2014_monsanto_annualreport.pdf.

[106] Monsanto Corporate Profile[EB/OL]. http://www.monsanto.com/investors/pages/corporate-profile.aspx.

[107] The 2016 Research and Development Pipeline Update. [EB/OL]. http://www. monsanto.com/products/pages/research-development-pipeline.aspx

[108] Monsanto Company First Quarter FY2016 Earnings Conference Call and R&D Pipeline Update[EB/OL].[2015-01-07].http://www.monsanto.com/investors/documents/2015/2015.01.07_mon-

q1f15-rd-update-presentation.pdf.

[109] Presentations and Financial Reports[EB/OL]. http://www.monsanto.com/investors/pages/presentations.aspx.

[110] 林石 . 2013. 种业巨头的绝密武器——垄断创新服务 [J]. 种子科技，4：32-33.

[111] 世界农化网 - 中文网 . 2015. 孟山都展示 2015 年度最新研发报告　致力于可持续农业和粮食安全 [EB/OL]. 01.14，http://cn.agropages.com/News/NewsDetail---8760.htm.

[112] Agricultural Seeds[EB/OL].http://www.monsanto.com/products/pages/monsanto- agricultural-seeds.aspx.

[113] Monsanto Brands[EB/OL].http://www.monsanto.com/products/pages/monsanto-product-brands.aspx.

[114] 农博网 . 2009. 孟山都之变 [EB/OL]. 07.16. http://finance.aweb.com.cn/2009/7/16/22520090716162357970.html

[115] 利马格兰集团介绍 [EB/OL] http://limagrainchina.cn/presentation-of-limagrain/

[116] 利马格兰集团简报 [EB/OL].http://limagrainchina.cn/wp-content/uploads/2013/07/Lmg_Plqtt_2013_CN.pdf

[117] 孟山都公司历史 [EB/OL].http://www.monsanto.com/global/cn/whoweare/pages/ company-history.aspx

[118] 玉米种子 - 孟山都 .[EB/OL].http://www.monsanto.com/global/cn/products/pages/default.aspx

[119] 孟山都蔬菜种子 - 孟山都 [EB/OL].http://www.monsanto.com/global/cn/products/pages/ vegetable-seeds.aspx

[120] 利马格兰与小麦 [EB/OL].http://www.limagrainchina.com/media-center/

[121] 美通社 . 2012. 利马格兰业绩持续增长 [EB/OL]. 11.07. https://www.prnasia.com/story/70558-1.shtml

[122] 韩俊强 . 2011. 你有可能不了解但一直让你“惊呼”的外资种子企业 [EB/OL]. 12.06. http://blog.sina. com.cn/ s/blog_60adba400102dv42.html.

[123] 利马格兰，玉米与水资源 .[EB/OL].http://www.limagrainchina.com/media-center/.

[124] 利马格兰，番茄与生物多样性 [EB/OL].http://www.limagrainchina.com/media-center/.

[125] 利马格兰中国介绍 [EB/OL].http://limagrainchina.cn/presentation-of-limagrain-china/.

[126] 利马格兰中国发展历程 [EB/OL].http://limagrainchina.cn/history/.

[127] 陶氏益农网站 .http://www.dowagro.com/zh-CN/china.

[128] 陶氏益农网站新闻中心 .http://www.dowagro.com/newsroom/.

[129] 陶氏公司 2014 年报 . [EB/OL]. http://www.dow.com/~/media/DowCom/Corporate/PDF/FinancialReporting/AnnualReports/2014_Dow_Annual_Report_with_10K.ashx?la=en-US

[130] Dow AgroSciences. Science and Innovation [EB/OL]. http://www.dowagro.com/en-ca/canada/about/science-and-innovation

[131] 世界农化网 . 2014. 2013 年全球农化企业盘点——合作篇 [EB/OL]. 2014.03.06. http://cn.agropages.com/News/NewsDetail---6803.htm

[132] Dow AgroSciences. 2013. Dow AgroSciences and Synpromics Announce R&D Collaboration-Agreement will Develop Plant Science Technology [EB/OL]. 2013.10.03. http://newsroom.dowagro.com/press-release/dow-agrosciences-and-synpromics-announce-rd-collaboration

[133] Dow AgroSciences. 2013. Dow AgroSciences, the Victorian Department of Primary Industries Develop Unique Technology Platform for the Improvement of Canola and Wheat Varieties [EB/OL]. 2013.04.08. http://newsroom.dowagro.com/press-release/dow-agrosciences-victorian-department-primary-industries-develop-unique-technology-pla.

[134] 世界农化网 . 2014. 陶氏益农拓展 EXZACT™ 平台合作 加速澳大利亚油菜品种研发 [EB/OL]. 2014.08.21. http://cn.agropages.com/News/NewsDetail---7862.htm.

[135] 中国农业科学院 . 2015. 中国农科院与陶氏益农合作开启新篇章 [EB/OL]. 2015.03.19. ttp://www.caas.net.cn/ysxw/gjhz/253099.shtml.

[136] 陶氏化学公司 . 2015. 陶氏益农与中国农科院携手推进中国水稻技术研发 [EB/OL]. 2015.03.19. http://www.dow.com/greaterchina/ch/news/2015/20150319a.htm.

[137] 世界农化网 . 2014. 陶氏益农收购美一种子公司部分资产 [EB/OL]. 2014.06.11. http://cn.agropages.com/News/NewsDetail---7370.htm.

[138] 世界农化网 . 2014. 陶氏益农收购澳大利亚 Advantage Wheats [EB/OL]. 2014.07.02. http://cn.agropages.com/News/NewsDetail---7503.htm.

[139] 世界农化网 . 2015. 陶氏益农完成对 Coodetec 种子业务的收购 加快进入巴西大豆市场 [EB/OL]. 2015.02.03. http://cn.agropages.com/News/NewsDetail---8881.htm.

[140] 世界农化网 . 2015. 政策利好 转基因行业发展蓬勃 [EB/OL]. 2015.03.12. http://cn.agropages.com/News/NewsDetail---8920.htm.

[141] Syngenta. Products and innovation [EB/OL]. http://www4.syngenta.com/what-we-do/crops-and-products/products-and-innovation.

[142] Farmers are at the heart of our strategy and business model [EB/OL]. http://www.syngenta.com/global/corporate/en/about-syngenta/Pages/Strategy.aspx

[143] Syngenta. Our key crops [EB/OL]. http://www4.syngenta.com/what-we-do/crops-and-products/key-crops

[144] How our groundbreaking fungicide solution, ELATUS™, has restored growers' confidence in controlling soybean rust [EB/OL]. http://www.syngenta.com/global/corporate/en/about-syngenta/Pages/company-history.aspx

[145] Mahyco Monsanto Biotech (India) Ltd [EB/OL].(2015-11-15). http://www.seedquest.com/news.php?type=news&id_article=12431&id_region=&id_category=&id_crop=